大日本帝国軍人の言葉

かつて日本を導いた男たちに学ぶ

柘植久慶

大日本帝国軍人の言葉

かつて日本を導いた男たちに学ぶ

柘植久慶

まえがき

明治初年から大正、そして昭和二〇年までの「大日本帝国」陸海軍は、国家の中枢として多くの人材を輩出してきた。そうした軍人たちの言葉には、今となっては陳腐極まりないものもあるが、後世に教訓として伝えるべきものもまた少なくない。

意外な人物が意外な言葉を遺していることもまた注目される。あの東条英機陸軍大将が、ハワイの日系二世たちに書簡で以て、「きみたちの祖国はアメリカである。そのアメリカのために戦え」と明らかにしているのだ。彼らがやがてアメリカ軍に志願してゆくのは、そうした背景も存在していたのである。

陸海軍人たちに大局を見る眼がなかった、あるいは反省がなかったとは、敗戦後に広く言われたことであった。しかしながら次のような軍人もいた事実を忘れてはならない。

終戦直前に下級将校たちに殺害された近衛師団長——森赳《たけし》中将は、「できるだけ明治建軍にまで遡って考察し、およそ一〇〇年前の真実にもメスを入れ、軍事の根本から見直してかからねばならぬ」と死の直前に述べていた。

また今村均《ひとし》大将は、「日露戦争であれだけの偉業を打ち立てた我が国がその後、わずか四〇年にして今次敗戦の惨敗を喫したことは、外敵の破摧にもよるが、それ以上に自ら内蔵していた致命的失陥のためではなかったかと考える。そのためには日露戦争の真相そのものの調査から、その根源を洗い直してみる必要があると思わざるを得ない」、と反省の弁を遺した。

私は日本陸軍が大正から昭和へと時代を経るごとに、本来在るべき姿から変貌していった原因の一つが、日露戦争後に局地的失敗の反省を怠ったところにある、と考えてきた。その元凶は満洲軍総司令官の大山巖《いわお》元帥で、彼は戦勝後に一切戦略戦術への批評を厳禁したのだ。このため戦略あるいは戦術の研究がないがしろにされたのであった。そこを二人の将星がはっきり指摘している点に注目したい。

軍人の言葉だから当然、勇壮なものも数多く見られる。マレー半島を追撃した捜索第5連隊長の佐伯静夫中佐は、「突進に当たり一車が止まれば一車を捨て、二車が止まれば二車を捨て、友軍であろうが乗り越え踏み越え、突進できなくなるまで、ただ突進せよ」、と進発を前に命じた。これは第一線部隊の指揮官の言葉として、実に素晴しいの一語に尽きると言えよう。

日露戦争の連合艦隊主任作戦参謀の秋山真之中佐は、司馬遼太郎の『坂の上の雲』の主人公として、広く知られるようになった。その彼の真髄は簡潔な名文であり、「皇国の興廃この一戦にあり。各員一層奮励努力せよ」、それに「本日天気晴朗なれども波高し」は、彼の起案したものである。

もちろん軍人のなかにも、長い歴史のあいだには卑怯極まりない人物が、少なからず存在したことが知られる。散々部下たちを煽動しておいて、最後に梯子を外すといった輩を意味する。

その代表的な例が二・二六事件前の陸相である荒木貞夫大将だった。彼は陸軍の青年将校たちに対して、「昨今問題になっている青年将校の一団は、いわば維新の志士たちのごときものである。その位は低いが志操は高い。彼らは憂国の情に燃えているのだ」と、誉めそやした。しかしながら二・二六事件で彼らが決起し、天皇が支持しないと見るや口をつぐんでしまった。

そうした高級将校は、真崎甚三郎大将や山下奉文《ともゆき》少将など、少なからず存在したのだった。

そこへくると明治の軍人たちのなかからは、立派な人たちを数多く見出せる。義和団事件に際して広島第5師団を率いた山口素臣《もとおみ》中将は、「支那民家に乱入、放火、掠奪の行為があったならば厳重に処断すべし。特に婦女子を犯す者あらば、即刻捕えて断罪せよ」、と部下たちに周知徹底させた。日本軍はそれを遵守、北京入城後も掠奪などの行為は一切見られなかったことが知られる。

また実戦の指揮にしても考えが硬直しておらず、日露戦争で第1軍司令官として勝利を重ねた黒木為楨《ためもと》大将などは、「中途で迷ったり方針変更するのが一番いけない。より重大な事態が生じたら、その時点で考え適切な処置を講ずればよろしい」と、臨機応変が大切なことを示唆した。大将はこの戦争の勝利に最も寄与した人物だけに、その言葉には極めて意味があるのだ。

私は本書に取り上げた軍人のなかで、立見尚文、黒木為楨、栗林忠道といった将星の伝記小説を書いており、他にも日露戦争の五人の将星たちについて小伝を書いた。またそれ以外に昭和の五人の軍人たちと、生前に会話を交わしたことがある。そうした機会に恵まれたのは実に幸運だった。そのあたりを随所に紹介してゆきたい。

目次

第1章 リーダーとしての心構えを学べる言葉

第2章 ビジネスに生かせる言葉

第3章 男の生き方を学べる言葉

第4章 歴史の真実を学べる言葉

第5章 覚えておきたい帝国軍人の言葉

第1章

リーダーとしての心構えを学べる言葉

大山巖《おおやまいわお》

陸軍元帥
一八四二—一九一六
享年七四歳

「児玉どんが必ず善処してくれるけん、俺はじっと待つのが仕事じゃわい」

現代の日本の政治家に求めたい度量の大きさ

　この言葉は日露戦争直前の参謀本部長と参謀次長、そして戦争勃発後の満洲軍総司令官と総参謀長のときを通じて、大山巖元帥と児玉源太郎大将の信頼関係を物語るものとして広く知られる。つまり児玉大将が自分のところへ持ってきた段階で、もう作戦計画や案は完成していることを意味した。

　これは度量の大きなトップ、並びに優れた頭脳を駆使して実務に当たるス

日露戦争
明治三七（一九〇四）年二月から翌年九月まで行われた日本とロシアとの戦争。アメリカの仲介で終戦交渉に臨み、ポーツマス条約により講和した。

タッフの頂点という、理想的な組織の姿と言えるだろう。物事に動ずることなく部下の仕事の出来上がりを待つ大山元帥の姿に、総司令部の幕僚たちは全幅の信頼を抱いていたはずである。

大山元帥は若い頃から将としての器が備わった人物として知られた。部下に仕事を委《ゆだ》ねて、その成長を待つというタイプの管理職だった。

それだけに多くの逸話が残っているが、そうした一つに、

「若い者に心配させせまいと思って、知っとることも知らん顔をしておらねばならんかった」

という、名言が残っている。

しかしながら頂点に立つ者として、言うべきときには然《しか》るべき言葉を発して、麾下《きか》の部隊の将兵の士気を鼓舞した。奉天総攻撃を前にしたときには、「来たるべき会戦は日露戦争の関ヶ原なり。ここに全戦役の決勝を期す」と訓示した。全将兵が奮気したのは言うまでもない。

大山元帥の度量の大きさは、多くの場合、プラスの効果が絶大であった。

奉天総攻撃
明治三八(一九〇五)年三月一日から三月一〇日にかけて行われた日露戦争最後の会戦。奉天とは現在の中国遼寧省の瀋陽。大日本帝国陸軍二四万人、ロシア帝国軍三六万人の兵力が衝突した最大・最後の陸上戦。

しかしながら日露戦争後、戦役を通じての一切の論評を封じたことは、日本陸軍から「反省」の二文字を奪い去った。失敗を相互に庇《かば》い合うという、将来に禍痕を残す問題がここに生じたのである。

将校たちは陸軍幼年学校、陸軍士官学校などを通じて、同期の結束が極めて固い。その彼らが庇い合うのだから、明白な失敗ですら表面に出ることなく隠れてしまった。かくして「反省なき組織」が昭和二〇(一九四五)年の解体まで、ずっと続いたのであった。

大山巖は薩摩藩の下士の家に生まれ、江川塾で砲術を学び、戊辰戦争では鳥羽・伏見で戦傷を負った。二本松や会津の遠征にも参加している。明治三(一八七〇)年から四年にかけて、普仏戦争に観戦武官として従軍、プロイセン軍のクルップ砲などを、砲術の専門家として目の当たりに学んだ。そして四年の暮から三年近く、スイスとフランスに留学したのであった。

帰国して陸軍少将に復職すると、一〇年の西南戦争に旅団司令長官として

江川塾
伊豆の韮山町にあった、江川英龍(坦庵)による西洋砲術の私塾。韮山塾ともいう。

普仏戦争
明治三(一八七〇)年七月一九日から翌年五月一〇日まで続いたフランスとプロイセン王国間の戦争。ドイツ諸邦もプロイセン側に立ったため独仏戦争とも呼ばれる。プロイセン側が勝利し、プロイセンを中心にしたドイツ統一が達成されてドイツ帝国が成立した。

出征、従兄の西郷隆盛と戦う羽目となる。ただしこれは政府や軍に薩摩閥を温存する、大きな政治的配慮となったのである。

明治一一年に中将へ昇進した彼は、一五年に結婚したばかりの妻を喪った。そこで後妻として白羽の矢が立ったのは、会津藩の元家老――陸軍大佐山川浩の妹捨松だった。アメリカ留学から帰国した彼女は日本語が不自由で、大山中将とは英語で意思疎通させたという。

それ以後の大山は二四年に大将へ昇進、陸軍大臣、参謀本部長など要職を歴任、三一年には元帥府に列せられた。川上操六大将が早く逝くと、参謀総長に就任、対露開戦に備えた。三六年に児玉源太郎大将を参謀次長に迎え、ここに二人のコンビが誕生、冒頭の言葉となってくる。

日露戦争勃発後は三七年六月に満洲軍総司令官となり、彼地に渡って陣頭指揮を執った。彼の言葉どおり殆どを総参謀長の児玉大将に委ね、いかなる局面でも落着き払った態度で、部下たちに信頼感を与えた。

西南戦争
明治一〇（一八七七）年に現在の熊本県・宮崎県・大分県・鹿児島県において西郷隆盛が中心となり起こった士族による武力反乱。士族反乱のなかでは最大規模で、日本最後の内戦となった。

桂太郎《かつらたろう》

【陸軍大将　一八四八―一九一三　享年六五歳】

「自分が頑張れば内閣は倒れる。陸軍の予算だけで内閣を潰すのは考えものである」

軍人としても政治家としても優れた人材

この言葉は、桂太郎陸軍大臣が明治三三（一九〇〇）年一〇月に、陸軍の予算で揉めた際、辞職せず内閣を倒さなかった理由を述べたものだ。第三次伊藤内閣のときのことである。

内閣は陸軍と海軍のどちらかが、大臣を出さないと成立しない。せっかく指名を受けた総理大臣が、それによって立往生するからであった。

桂は中将時代に名古屋第3師団長として日清戦争に出征、満洲に入って海城に司令部を構えていた。このとき地元民に対して善政を施している。

だから、鳳凰城の松山第10旅団を率いた立見尚文少将とともに、帰国命令が下ったとき地元の長から帰らないでくれと懇願されたことで知られている。それだけ人徳を備えた軍人だった。

だから軍人としてのみならず政治家としても、気配りのよくできた優れた人材で、バランス感覚が卓越していたと言えよう。そのため第三次伊藤内閣のあと、第一次桂内閣が成立したのである。

工兵出身で最初の陸軍元帥となった上原勇作大将は、秀才だがそうしたバランス感覚がとれておらず、明治四五（一九一二）年四月五日に西園寺公望《きんもち》内閣の陸相となり、予算で揉め大正元（一九一二）年一二月二一日に陸相を辞職、この内閣を潰してしまった。それによって内閣総理大臣になったのが桂で、第三次桂内閣が誕生したのであった。

桂大将の陸相も一度や二度でなく、第三次伊藤内閣、第一次大隈内閣、第

日清戦争
明治二七（一八九四）年七月から翌年三月まで行われた、朝鮮半島をめぐる日本と清との戦争。日本の勝利に終わり、清から領土（遼東半島、台湾、澎湖諸島）を得るが、三国干渉により遼東半島は返還した。またこの戦争により朝鮮は清の属国から脱した。

上原勇作
安政三年－昭和八年。宮崎県出身の陸軍軍人。山縣有朋や桂太郎ら長州閥の元老が凋落したのちに陸軍に君臨し、強烈な軍閥を築き上げた。陸軍大臣、参謀総長、教育総監の「陸軍三長官」を務めた。工兵の近代化に貢献し、「日本工兵の父」と称される。

二次山縣内閣、そして第四次伊藤内閣という四度にわたっている。これだけでもその人となりが判るだろう。

何と言っても桂大将の功績は、明治三四年に組閣すると断固日露戦争を戦い抜き、優勢のうちに講和を達成した点である。その指導力もまた、立派としか言いようがない。

桂太郎は下級の長州藩士の二男として生まれ、明倫館で学び小姓となった。慶応四（一八六八）年一月の鳥羽・伏見の戦いに従軍、中隊長として奥州各地を転戦している。翌明治二年には中隊司令に任命された。

一転して二年一〇月から三年五月まで、横浜語学所学生となり外国語を身につけた。そして卒業三ヶ月でドイツへ留学、ベルリンで三年四ヶ月にわたり勉強した。六年一二月に帰国すると、七年一月に大尉、六月に少佐と昇進し、参謀局で諜報を担当、八年にドイツ公使館付を命じられた。このドイツ勤務は三年以上にわたり、西南戦争のときもずっと彼地に在った。

明治一一年に中佐へと進級、参謀本部勤務が多く、一五年には大佐へと栄進している。更に一七年一月から丸一年かけてヨーロッパ各国の兵制視察を行なった。日本政府はそれ以後も多くの人材を視察に出しており、とりわけ兵制研究に力を注いでいたことが判る。

帰国後に少将へ累進すると、陸軍省総務局長、陸軍次官、軍務局長などを歴任。明治二三年六月に中将になり、一年後に第3師団長を拝命した。この職に三年以上留まるが、そこで日清戦争の出征を迎える。その後は台湾総督や陸相の地位に就く。明治三一年九月に大将へ栄進、三三年一二月から陸軍を休職すると政治に専心、ついに三四年六月より総理大臣の地位を占めた。これは日露戦争の終結時まで、実に四年半以上の長期にわたった。

これだけで終わることなく、明治四一年七月から四四年八月の第二次桂内閣。更に大正元（一九一二）年一二月から二年二月まで、短命ながら第三次をも組閣したのである。公爵となり元勲《げんくん》という、功なり名を遂げた人物と言えた。

川上操六《かわかみそうろく》

「目前の小利や思いつきの感情に支配されて、国家の大方針を誤ってはならぬ」

陸軍大将
一八四八―一八九九
享年五〇歳

感情が優先すると悪しき結果を生む

囲碁を打っていて盤面が次第に細《こま》かくなり、懸命に手数を読んだりしているとき、多くの人は顔を並べられた碁石に近づける。たしかにそうすると現在愁眉の局地的なものはよく読めるが、ときに大局的な面を見失うことがある。

盤面に顔が近づいたのに気づいたとき、意識して姿勢を正してみると、もっと別の方面に重点な個所があるのを、偶然見出せることも多い。こうしたとき近くの傍観者――観戦者の方がよく見えているものなのだ。これが世に言う「傍目八目《おかめはちもく》」である。

それと同様に世界情勢や紛争についても、あまりに感情が介入してしまうと、局地的な判断にと片寄る危険性が大だ。冒頭の川上操六大将の言葉は、そのあたりを正確に指摘している。囲碁や将棋なら勝った負けたで、またもう一局とやり直しができる。ところが事が軍事ともなると、いったん過熱したらそれは即ち戦争になってしまう。散々煽動しておいて収拾つかなくなると逃げる、ということは許されないのである。

このあたりは昭和一四（一九三九）年の日本の陸海軍と外交の状態を見れば、それこそ一目瞭然に理解できてくる。陸軍参謀本部、海軍軍令部、そして政治家（軍人出身が主導権を握っていたが）の右往左往ぶりは醜態で、しかも国家の大方針を誤ったと言えよう。

たしかに状況次第によっては、「目前の小利」を確保しておきたいこともある。はたまた門外漢が何かの拍子に閃《ひらめ》き、「思いつきの感情を支配される」

ということもあるだろう。ところがそうしたときそれが「国家の大方針」――国家の大計にふさわしい決定か否か、冷静に見定めることのできる人間が、いつの世にも必要とされるのだ。

日清戦争と日露戦争の挟間には、この川上操六大将がいた。彼が早逝すれば児玉源太郎大将が、大局を見渡せる人材として登場し、国家の大計をしっかり保持したのであった。

よく「人間は感情の動物」だと言われる。だからどうしても物事に感情が介在してくるが、不思議と感情が優先して下された決定は、悪しき結果を生ずることが多い。その意味からも川上大将のこの言葉は、正鵠《せいこく》を射ているのだ。

川上操六は薩摩藩の下級藩士（五〇石）の三男として生まれた。兄も軍人で、妹も軍人に嫁している。

造士館に学んで薩摩藩の洋式部隊分隊長となり、戊辰戦争に従軍した。明

造士館
江戸時代後期に薩摩藩が設立した藩校。幕末に一一代藩主・島津斉彬が西洋の実学を中心としたものへと改革。西郷隆盛、大久保利通、黒田清隆、山本権兵衛、大山巖、東郷平八郎など多くの人材を輩出した。

治四年四月に上京すると、七月に中尉に任官、一一月には大尉と進級していった。六年に近衛歩兵第3連隊の大隊長となり、翌七年二月には少佐にと昇進した。このとき近衛歩兵第2連隊に転じていたのである。

その頭脳の冴えを見出され、九年に参謀局へ出仕、次いで陸軍省第2局に移った。九州の状況が危険になった明治一〇年二月に、熊本城内の歩兵第13連隊に連隊長心得として赴任、ここで西南戦争を迎えた。

このとき薩摩軍と対した熊本籠城軍には、川上少佐、児玉源太郎少佐、奥保鞏《やすかた》少佐といった、日清戦争以降の日本陸軍を支える三人が一緒に戦ったのだ。このとき川上少佐は戦闘を指揮中に負傷した。一一年に中佐となると熊本歩兵第13連隊長に昇格、更に大阪の歩兵第8連隊長を歴任する。

明治一五年に大佐、一八年に少将、二三年に中将へ昇進した。日清戦争ではあの山縣有朋第1軍司令官を更迭。三一年に参謀総長、次いで大将にと進んだ。けれど対露戦争の計画に没頭、過労で三二年五月に逝去したのである。五二歳という若さだった。

一戸兵衛《いちのへひょうえ》

【陸軍少将（大将）
一八五五―一九三一
享年七六歳】

「青年将校中借金に苦しんでいる者があったら、遠慮なく副官まで内密に申出でよ。融通救済の途を講ずる。自分も青年士官時代に金で困ったことがあったから」

兵営にあっては部下を気遣う温厚な将軍

一戸兵衛少将は金沢歩兵第6旅団長として日露戦争に出征、旅順の盤龍山東堡塁を攻撃、麾下の兵力の九〇パーセントが死傷しながら、陣頭に立ってこの奪取に成功した。ロシア軍はたび重なる奪還作戦を企てたが、断固陣頭指揮でこれを守り切った。

ロシア軍側の旅順随一の名将ロマン・コンドラチェンコ少将は、

「一戸という指揮官だけが、日本軍の旅順要塞永久堡塁奪取の合格者だった」と、自らが構築に当たった要塞の攻略者を賞讃していた。

その一戸少将は兵営に在るときは常に、部下たちのことを気遣う温厚な将軍として知られた。とりわけ冒頭の言葉は、まだ給料の少ない若手の将校たちが、どうしても借金漬けになる傾向に、特別の配慮を示したものである。それによって経済的な負担から脱出できた、少尉や中尉たちが少なくなかった、と言われている。

その一方で最前線においては、厳しい別の一面を見せた。盤龍山方面の激戦のさなか、一人の下士官が数人の部下と脱出してきたところ、抜刀した彼は「断じて退くな」と戦闘への再度の突入を命じた。その軍曹は「はい、死んできます」と言って、また元の方角に部下とともに去り去った。

旅順での戦闘を通じて、一戸少将は常に最前線近くに在った。戦局の変化を即座に感じとり、適切な方策を講じて占領した地域を保持し続けた。最後には一段と高い敵が「鷲の巣」と呼んだ、望台の敵砲台も奪取したのであった。

一戸兵衛は津軽藩の勘定奉行の長男として生まれ、東奥義塾《とうおうぎじゅく》で学んだのち上京、教導団を経て士官候補生となった。明治九（一八七六）年に佐倉歩兵第2連隊へ少尉試補として配属され、翌年の西南戦争に出征した。

身長五尺八寸強——恐らく一七五センチ以上あった彼は、体格を活かして奮戦、このとき敵弾が首を貫く重傷を負った。その後は東京の歩兵第1連隊、教導団参謀、大阪の歩兵第8連隊の勤務を経て、明治一八年に広島歩兵第10旅団参謀となる。それ以来、暫く広島方面の任地に留まり、二一年には少佐に累進、翌年広島鎮台歩兵第11連隊大隊長に任命された。

明治二七年に入ると一戸少佐はある日、自分が率いる第1大隊の将校たちに、軍用行李の点検を実施した。これは出征に際しての将校の手荷物であり、所定のものを常時揃えておく、との規定が存在した。ところが多くの者は完全に揃っておらず、急いで買い足しに走ることとなった。

不意の出費を強いられた下級将校たちから不満の声が起きたが、その直後

東奥義塾
江戸時代後期の津軽藩の藩校「稽古館」廃校の後、明治五年に再興された私学。日本のジャーナリズムの先駆者である陸羯南（くがかつなん）を輩出。現在の東奥義塾高等学校。

に日清戦争の勃発——広島第5師団の出征が命じられ、一戸大隊は完璧な状態で師団長以下上級指揮官の点検を迎えたのである。部下の将校全員が満点で激賞されたのは言うまでもない。

日清戦争では平壌攻撃に加わり、初めて苦戦を経験した。このとき立見尚文少将の率いる松山に移っていた歩兵第10旅団が、北の玄武門で突破口を拓き、広島師団は辛くも勝利を得た。

一戸は明治三〇年に大佐、三四年には少将へと累進、金沢の歩兵第6旅団長に就任したのである。旅順では全兵力の殆どを喪うが、ついに占領地域を確保し続けた。彼は旅順で二度、奉天会戦でも一度、個人感状を軍司令官から受けた。三度というのは異例のことだった。

旅順から奉天に転戦、ここで第3軍参謀長を命じられた。彼は大将にまで累進、学習院院長や明治神宮宮司だったことも知られる。

永沼秀文《ながぬまひでふみ》

陸軍中佐（中将）
一八六七―一九三九
享年七一歳

「尉官たちの給料から図書費を捻出するのは骨が折れるので、これ以上の福音はないであろう」

人材育成のために偕行社《かいこうしゃ》に図書館を設立

明治三一（一八九八）年に創設された弘前第8師団は、初代師団長に戊辰戦争、西南戦争、そして日清戦争で名を轟かせた、立見尚文中将を迎えた。その下で着々と強化されていったが、福島泰蔵大尉の提案で将校の勉強の場が計画された。そして会場として選ばれたのは、弘前偕行社――将校倶楽部であった。

偕行社
戦前に帝国陸軍将校准士官の親睦・互助・学術研究組織として設立され、戦後に旧大日本帝国陸軍将校・陸軍将校生徒・陸軍高等文官および、陸上自衛隊・航空自衛隊幹部自衛官の親睦組織として再建された。

そこに図書館を設ける構想を福島大尉が師団長に話したところ、「各兵種の指揮官を説得したまえ」と知恵を授けられた。そのため彼が騎兵第8連隊長の永沼秀文中佐を訪れたとき、冒頭の言葉による賛意を示されたのである。

どこの国でも下級将校――尉官たちの給料は低い。このため勉強に必要な書籍を思いどおりに買えなかったり、生活を切詰める者も少なくなかった。

あのナポレオン・ボナパルトでさえ、下級将校時代に食費を節約し、読みたい本を手に入れた、という逸話が残っている。そのためか彼は四〇歳を過ぎ、急速に体力の衰えを見せたのであった。

永沼中佐は図書館の構想に賛成し、早く実現しろと逆に尻を叩いた。それどころか「私も蔵書の一部を寄付しよう」と、積極的な姿勢を示したのだった。一人の連隊長の賛意の表明は、他の指揮官たちを動かした。当初のあいだ様子見の者たちも相次いで賛同し、偕行社内の図書館は一気に実現していったのである。

永沼中佐は日露戦争に出征すると、明治三八年に黒溝台会戦の寸前、ロシア軍背後に挺身隊を率いて長駆潜入、シベリア鉄道の鉄橋爆破という勲功を立てた。これによって個人感状を受け、「永沼挺身隊」の名を日本中に轟かせている。

第8師団は将校のみならず、下士官兵にも教育を徹底しており、水準向上が合言葉のようになっていた。それには師団長以下、連隊長や中堅幹部将校たちの、こうした高い意識が大いに寄与したと言えよう。

永沼秀文は旧仙台藩士そして小学校教師だった父の長男として生まれ、明治一九（一八八六）年に陸軍士官学校を卒業、直後に騎兵少尉に任官し騎兵第1大隊へ赴任した。二一年一一月に中尉、二五年一二月に大尉へ進み、日清戦争中は広島宇品の運輸通信部員として後方勤務に終始している。明治二八年九月に騎兵第6大隊の中隊長、そして三一年三月には騎兵第11連隊でも中隊長を歴任、その年の一〇月に少佐へと昇進したのであった。

日露間の対立が決定的となった明治三五年一一月中佐に進級するととも

に、弘前騎兵第8連隊長に任命された。第8師団の動員は、旭川第7師団とともに北方を睨んでいたことで遅く、三七年秋口に入ってからだった。

満洲軍総司令部はロシア軍の冬季攻勢はないものと思いこんでいたことで、第8師団は独自の敵の補給路爆破計画を立案、永沼挺身隊を進発させたのである。これは騎兵第8連隊だけでなく、各騎兵連隊から選抜された精鋭で編成されていた。

任務を達成後にロシア軍騎兵の追尾を受け、途中で逆襲に転じ中佐自ら先頭で敵部隊に突入したのである。こうして敵の戦線背後を混乱させ、三八年三月四日——奉天会戦のさなかに帰陣した。

この戦功もあって三八年七月に大佐、四五年四月に少将へ累進している。これは同期のなかの出世頭だった。けれど陸軍大学校に行っていないことで、大正六（一九一七）年に中将昇進と同時に待命、そして予備役《よびえき》となった。

予備役
一般社会で生活している軍隊在籍者や、軍隊に就役していた艦艇・航空機のことを指し、有事の際や訓練の時のみ軍隊に戻る、軍隊における役種のひとつ。現役を退いた退役軍人のことであり、在郷軍人とも呼ばれる。

広瀬武夫《ひろせたけお》

海軍少佐（中佐）
一八六八―一九〇四
享年三五歳

「杉野は何処《いずこ》？」

行方不明となった部下を探して爆死し軍神に

この冒頭の言葉は旅順口において、広瀬武夫少佐が部下の杉野孫七上等兵曹を探し、福井丸の船内を歩き回ったとき発せられた。部下のなかで唯一姿を見かけない上等兵曹を気遣って、「船内隈無《くまな》く尋ぬる三度」と彼は必至に探した。けれどついにこの部下を発見できず、断念して脱出用の短艇に乗り移ったところ、ロシア軍の砲弾の直撃を頭部に受けた。

部下が驚いて探した結果、一枚の海図とそこに付着した一片の肉塊だけ、ようやく発見できたという。後刻、遺体の大部分が旅順の海岸に漂着したのであった。

この部下に対する配慮——思いやりが一般大衆に広く受け、陸軍の橘周太少佐とともに軍神となり、二人ともそれぞれ軍歌になって唱われた。親や身近な人たちが愛唱していた関係で、私自身もいつしか憶えてしまって、今だにときおり口をついて出てくる。

広瀬少佐のこの行動について、軍事的見地からするといささか疑問が残る。それは敵の砲弾が雨のように降り注いでいるとき、短艇に乗りこんだ他の部下たちを待たせ、一人を探し回るべきなのか、という問題だ。

一人の安否を気遣うことで、他の何人もの乗組員たちの生命を、危険に晒していたからである。もし杉野上等兵曹を救出しても、短艇に直撃弾が命中し全滅したら、これは美談にも何もならない。明らかに指揮官の判断ミスにほかならないのだ。

軍歌
広瀬中佐に関する歌は多数あり、なかでも最もよく知られているのは文部省唱歌の『廣瀬中佐』で、明治四五年(一九一二年)『尋常小学唱歌　第四学年用』に初出。

轟く砲音　飛来る弾丸
荒波洗ふ　デッキの上に
闇を貫く　中佐の叫び
「杉野は何処、杉野は居ずや」
船内隈なく　尋ぬる三度
呼べど答へず　さがせど見へず
船は次第に　波間に沈み
敵弾いよいよあたりに繁し
今はとボートに　移れる中佐
飛来る弾丸に　忽ち失せて
旅順港外　恨みぞ深き
軍神廣瀬と　その名残れど

こうした戦闘中においては、まさに「時は血なり」であるから、一度探すことで部下への配慮は果たされた、と考えるべきだろう。それから先は次の段階に入ったと見做し、生存している他の乗組員の安全に配慮すればよい。

指揮官として大切なことは、「見切り」とか「見極め」である。ある時点から先は決断を下してなかったものと割切り、前へと進んでゆかなくてはならない。その点が広瀬少佐に欠ける面と言えるだろう。

広瀬武夫は大分の出身で、父は竹田藩士だったが、のち裁判所長となった。兄もまた海軍の軍人で、海軍少将にまで進んでいる。彼は攻玉社中学から、明治一八（一八八五）年に海軍兵学校入りし、二四年に少尉に任官した。二〇年に入門した柔道を愛したことが広く知られている。

明治三〇（一八九七）年六月に大尉として、ロシア留学を命じられた。サンクト＝ペテルブルクに駐在、三五年三月に帰国する。実に五年近い滞在となっており、ロシア人女性との結婚の可能性も噂された。この期間中の三三年に少佐への昇進があった。

帰国直後に〈朝日〉の水雷長となり、日露開戦を迎えることとなる。旅順口封鎖の作戦が実施されると知りこれに志願、第一次閉塞隊に加わるものの、効果不十分で終わる。そこで第二次閉塞隊が出されるが、広瀬少佐は二度目の志願を却下された。けれど熱心に望んで再び出発することとなった。

再出撃を前に〈浅間〉の八代六郎艦長に宛てた書簡で、

七生報国　一死必堅
再期成効　含笑上船

と、短く漢文で心境を記したのである。この軍港の出入口を封鎖する作戦は、一八九八年の米西戦争において実施された、という前例があった。これを観戦武官として目の当たりにした海軍参謀——秋山真之が、ロシア旅順艦隊の航行の自由を妨げるため、提案したものである。

広瀬中佐（戦死後に昇進）などの犠牲を払った閉塞作戦は、ロシア艦の出港が三〇分を要するようになり、完全でないものの一応の成功は収めた。

米西戦争
アメリカとスペインとの戦争。アメリカが勝利し、スペインはカリブ海および太平洋の旧植民地を失った。

小沢治三郎《おざわじさぶろう》

海軍中将
一八八六―一九六六
享年八〇歳

「君、死んじゃいけないよ。宇垣中将は沖縄に飛び込んだ。大西中将はハラを切った。みんな死んでゆく。これでは誰が戦争の後始末をするんだ？　君、死んじゃいけないよ」

責任の取り方を説いた最後の連合艦隊司令長官

この言葉は、終戦後に小沢治三郎海軍中将が部下のところを訪れ、自害しないよう説いて歩いたときのものである。国家の再建に力を尽くすよう、諭している。

小沢中将はレイテ沖海戦で囮《おとり》の役割を与えられ、アメリカ海軍をレイテ島から引離す、という困難な任務を命じられた。昭和一九（一九四四）年一〇

レイテ沖海戦
昭和一九（一九四四）年一〇月二三日から同二五日にかけて、フィリピン

月のことであった。

日本海軍はその直前の台湾沖航空戦において、航空戦力を殆ど喪失しており、このため海上艦艇のみの特攻作戦と言えた。けれど作戦自体は綿密に組立てられた、優れたものと評価してよい。すなわち三つのグループにより突入部隊が構成され、それぞれがレイテ湾に別の方向から突入するというものだった。

小沢中将の機動部隊は、ルソン島北東から接近し、迂廻して改めてフィリピンを目指し、敵機動部隊を引きつける。栗田健男海軍中将の第1遊撃部隊は、ブルネイを進発してマニラの北――シブヤン海を通過、サンーベルナルディノ海峡を抜けレイテ湾に突入、敵上陸部隊を攻撃する。更に志摩清秀海軍中将の第2遊撃部隊が瀬戸内海を発進、ネグロス島から南下しレイテ島に突入、という素晴しい作戦だったのである。そして一〇月二五日にレイテ突入を目指し、作戦は実施された。

予想されたとおり小沢中将の機動部隊には、アメリカ軍の攻撃が集中され

およびフィリピン周辺海域で発生した、日本海軍とアメリカ海軍との間の一連の海戦。連合軍はレイテ島奪還が、日本はアメリカ軍の進攻阻止が目的であった。日本側は初めて神風特別攻撃隊による攻撃を行ったが敗北した。

台湾沖航空戦
昭和一九（一九四四）年一〇月一二日から同一六日にかけて行われた。台湾から沖縄にかけての航空基地を攻撃したアメリカ海軍空母機動部隊を、日本軍の基地航空部隊が迎撃。日本軍は戦果を誤認して大戦果を上げたと大本営発表したが、航空機三一二機を失うなど損害は甚大だった。

大きな損害を生じた。けれど囮の目的は果たしていた。ところがシブヤン海で戦艦〈武蔵〉が撃沈された栗田艦隊は、司令官が弱気の虫に支配され、連合艦隊司令長官――豊田副武《そえむ》海軍大将の、「全軍突撃せよ」の命令を無視した。

もし栗田中将がレイテ湾に入っていたら、ダグラス・マッカーサー大将のアメリカ軍司令部、それに兵員と軍需物資を満載した輸送船が八〇隻も、上陸の順番待ちの状態だった。それを目前に栗田艦隊は戦場を離脱していった。

小沢中将は敵の攻撃の多くを引受け、このため空母四隻を沈められる、という大損害を被る。小沢艦隊は十分に役割を果たしたのであった。その一方で栗田中将はすべてをぶち壊しにしてしまった。一人の弱将が優れた作戦計画を、すべて台無しにしたと断言してよいだろう。

小沢治三郎は宮崎県の出身で、宮崎中学を中退し成城中学に入り、七高中退後に海軍兵学校へ入学している。明治四二（一九〇九）年に卒業し、少尉として〈春日〉に乗組む。その後は中尉として〈霰〉、〈比叡〉、〈千歳〉など

ダグラス・マッカーサー
一八八〇年－一九六四年。アメリカ陸軍の将軍（元帥）。GHQ（連合国軍最高司令官総司令部）最高司令官として来日し、敗戦後の日本を占領統治した。一九五一年四月に朝鮮戦争の方針の相違により更迭され日本を去った。

に勤務、順調に昇進し経験を積重ねてゆく。

大正五（一九一六）年に海軍大学校乙、そして八年から一〇年にかけ海軍大学校甲で学んだ。後者を卒業直後に少佐へ進級、〈竹〉艦長、駆逐艦長、参謀などを歴任。昭和五（一九三〇）年には大正七年に次ぐ二度目の海外出張を命じられた。

欧米から帰国後に大佐へと進級、このとき第1駆逐隊司令官を拝命、その後は暫く駆逐艦隊司令に転じた。そして六年の海軍大学校教官としては戦術科長という要職で、それを三年にわたり務めた。続いては〈摩耶〉、〈榛名〉という大型艦の艦長の地位にそれぞれ一年ほど在職した。

昭和一一年に少将、一五年に中将へと累進すると、一六年一〇月に南遣艦隊長官として開戦を迎えた。そして一九年三月に第1機動艦隊兼第3艦隊長官として、レイテ海戦の囮部隊を率いた。二〇年五月に連合艦隊司令長官に就任している。

大西瀧治郎《おおにしたきじろう》

【海軍中将
一八九一―一九四五
享年五四歳】

「お前達だけを行かせたりはしない。必ず俺もあとから行く」

特攻隊生みの親の悲壮な覚悟

この言葉は、有為の若い海軍操縦士たちに対し、第1航空艦隊長官に赴任した大西瀧治郎海軍中将が自らの覚悟を告げたものである。その言葉どおり彼は終戦の日に自刃し、なかなか死ねず苦しんだ挙句、翌六日にようやく絶命したのだ。

大西中将は大正五（一九一六）年以降、航空隊に転じ、その上に飛行隊などの要職に在ったことで、航空機関係に明るかった。そのためフィリピン方面での劣勢を挽回する窮余の一策として、航空機を爆装し敵艦に突入という、究極の攻撃方法を案出したのであろう。

しかしながら一〇〇分の一の生還の確率すらない戦法は、戦史上最悪の手段としか評しようがない。現代の狂信的イスラム教徒たちが企てる、自爆テロという類似戦法すら生み出してしまったのである。

自決の直前に大西中将は、

「一般青壮年に告ぐ。我が死にして、軽挙は利敵行為なるを思い、聖旨に副《そ》い奉り、自重忍苦するの戒めともならば幸なり。隠忍するとも日本人たるの矜持《きょうじ》を失うなかれ。諸子は国の宝なり。平時に処し猶ほ克く特攻精神を堅持し、日本民族の福祉と世界人類の和平のため、最善を尽せよ」

と、遺言を述べているのが目立つ。

ここで大西中将は「諸子は国の宝なり」と書き記してあるが、このあたりは彼の考案した戦法とはっきり矛盾している。そうした国の宝——関行男大

大西中将の遺書

「特攻隊の英霊に申す。善く戦いたり、感謝す。最後の勝利を信じつつ肉弾として散華せり。然れどもその信念は遂に達成し得ざるに至れり。吾死を以て旧部下の英霊とその遺族に謝せんとす。次に一般青壮年に告ぐ。我が死にして、軽挙は利敵行為となるを思い、聖旨に副い奉り、自重忍苦するの戒めともならば幸いなり。隠忍するとも日本人たるの矜持を失うなかれ。諸子は国の宝なり。平時に処し、なおよく特攻精神を堅持し、日本民族の福祉と世界人類の和平のため、最善を尽くせよ」

尉たちを、彼自身が死地へと赴かせたからだ。

海軍の特別攻撃隊は、その総出撃回数が二九〇回に及び、使用機数は二三六七機に達した。そして二五一五人の若者が還ってこなかったのである。陸軍や他の特攻含めると、総計で四五〇〇人の有為の若者が、雲流るる果てに消えていった。それを考えると彼の遺言には空しい響きしか残らない。


大西瀧治郎は兵庫の出身で、農業を営む小地主の父の三男として生まれた。柏原中学から海軍兵学校に進み、明治四五（一九一二）年七月――明治最後の月に海兵を卒業した。

大正二年一二月に少尉に任官、四年一一月に中尉となるが、〈若宮〉乗組みを最後に、航空隊にと転じたのである。六年一一月には第1特務艦隊の飛行隊長となり、一年後から英仏への出張を命じられ、イギリス空軍の飛行練習隊で経験を積む。この留学は九年一〇月まで続き、彼地において大尉に昇進した。

少佐に進級したのは一三年一二月で、霞ヶ関航空隊教官となった。以後も佐世保航空隊飛行隊長、連合艦隊参謀などを歴任、昭和三（一九二八）年二月に学校経営者の娘と、算《かぞ》えで三八歳という遅い結婚をしている。この夫人は夫の自決後大いに苦労し、撃墜王の坂井三郎元中尉らと戦後、生活のため印刷会社を経営した時期があった。

空母〈鳳翔〉飛行長から航空本部員、中佐となり第3艦隊参謀、空母〈加賀〉副長、佐世保航空隊司令となり、ここで大佐への昇進を果たす。第2連合航空隊司令官に一四年一〇月任命されると、翌月に少将へと進む。

日米開戦は第11航空艦隊参謀長として迎え、一七年二月に航空本部出仕となった。ここで総務部長の地位に就くと一八年五月に中将へ累進、この年の一一月には軍需省航空兵器総務局長の要職に在った。そして一九年一〇月に南西方面艦隊司令部へと赴任したのであった。その直後に第1航空艦隊長官となり、特攻をスタートさせている。二〇年五月に軍令部次長となり、終戦の日にかねてからの言葉どおり自刃した。

大西中将の辞世
「之でよし　百萬年の仮寝かな」
「すがすがし　暴風のあと　月清し」

加藤建夫《かとうたてお》

「百機の敵を撃墜した喜びは、一人の部下を失った悲しみに代へ難い」

【陸軍中佐（少将）
一九〇三―一九四二
享年三八歳】

戦死後に軍神となった部下思いの隊長

加藤建夫中佐は「加藤隼戦闘隊長」として広く知られる。陸軍航空隊の1式戦闘機「隼」を駆って中国大陸に蘭印に大活躍、戦死後は軍神として軍歌「加藤隼戦闘隊」にもなった。

この冒頭の言葉は生前、常日頃人に語っていたもので、昭和一三（一九三八）年三月二五日の北支帰徳上空での空中戦から帰還後、感じたところによるも

加藤隼戦闘隊
太平洋戦争で活躍した加藤建夫陸軍中佐が率いていた飛行戦隊・飛行第64戦隊の愛称。同名の映画や軍歌は大ヒットした。

のと言われる。すなわち敵機一二機を撃墜しながら、副官格の中尉の未帰還を悲しんだのであった。

戦死した部下の実家を訪れ、あるいは墓参するのは珍しくなく、遺族を感激させること再三に及んだ。それどころか中国大陸においては、自ら率いた戦闘機隊と戦い戦死した中華民国空軍の操縦士のため、慰霊の花束を上空から投下し敵からも絶賛された、という武士道精神の持主として知られた。

また加藤中佐には戦闘に関し、「戦闘は気力だ。その気力は強靭な体力から生れる」との言葉があるが、武道はじめ各種のスポーツに卓越した技倆を発揮した。身長五尺七寸（約一七三センチ）と当時としては大柄で、これは操縦士——戦闘機乗りに不適格と思われるほどだった。体重が重いと旋回の際、小回りが利かないためである。それを抜群の体力でカバーしていた。

日米開戦後に加藤中佐が発した言葉のなかで、「攻戦せんとせば先ず後ろを見よ」というものがあった。これは敵機に攻撃を仕掛けようとしたら、真っ先に背後の様子を窺え、という名文句として知られた。目標に夢中となって後方が留守となるのは、戦闘機の操縦士がやられる場合に最も多かったからだ。皮肉にも加藤中佐が最後に戦ったのは、後方の敵戦闘機ではなく前方の爆撃機であった。後部機関銃からの銃撃に被弾し、インド洋上で自爆を遂げている。

加藤建夫は北海道旭川に近い上川の屯田兵《とんでんへい》の二男として生まれ、父はそれから一年半後の奉天会戦で戦死を遂げた。殆《ほとん》ど父の顔を知らなかったことになる。

旭川中学二年から仙台幼年学校に入学、大正一四（一九二五）年に陸軍士官学校を卒業、札幌の歩兵第25連隊付となる。翌日付で直ぐに航空少尉に任官、飛行第6連隊付を命じられた。一五年から昭和二年の二年間は所沢の飛行機学校の操縦学生となるが、真っ先に単独飛行を許されるなど、飛び抜けた存在となったのである。

このため卒業後一年経たずに教官に任命され、三年に航空中尉、八年に航空大尉に昇進して、ついに戦闘機隊の中隊長になった。その技倆が発揮されたのは、昭和一二年七月以降のことであり、このとき華北戦線へ出征したのだ。当時の敵――中華民国空軍は、ソ連製のИ（イ）-15戦闘機を主力としていたが、加藤大尉の赤達磨隊は優勢に戦いを進め、制空権を完全に握っていたのであった。とりわけ彼の率いる部隊は、常に多数の敵機を相手にしながら、撃墜数で一対一〇以上の差をつけていた。

華北の戦場で一年戦って以後、彼は陸軍大学校専科に入学、在学中に航空少佐にと進級している。

昭和一四（一九三九）年に陸大専科を卒業、航空本部員や欧米出張を経験したのち、一六年から飛行第64戦隊長として第一線に立った。そして仏印から蘭印にかけ戦い、一七年二月に中佐へと進級した。蘭印作戦で大活躍してからビルマ方面へと転戦するが、この年の五月に戦死を遂げた。部隊感状が六度、そして戦死後に個人感状を受け、二階級特進で少将となり、軍神として讃えられた。

『統帥綱領・統帥参考』とは　1

「統帥綱領と統帥参考は、われわれの聖典であった。しかしその新の価値を私が認識したのは、実は軍人時代のことではない。一陸軍中佐にすぎない私でも、経営者としては将帥であり、その私が敗戦後の波乱期を乗切るために、この本がどれだけ役に立ったかわからないのである」

大橋武夫
陸軍参謀中佐
(一九〇六 ― 一九八七)

大橋元中佐は父と兄が軍人という一家に生まれ、兄は海軍に進み大佐まで昇進した。その経歴を見ると三年半ほど参謀本部に在籍し、第一線部隊では砲兵畑を歩む。砲兵は数学の成績が良好な者が進むから、彼の場合もそれが彷彿とさせられる。講演の理路整然としたところなどは、その一端が垣間見られた。名古屋幼年学校からだから、純粋培養された軍人とのイメージが強いが、同じ「名幼」の先輩――辻政信大佐と較べると、広い適応性を有していたように思われる。後者は学校秀才とのイメージが極めて強い。たしかに名幼、中幼、陸士、陸大を通じての辻大佐は、抜群の成績を残したことが知られる。しかしながら彼には教養――一般常識が欠如していたように思えてならない。そこへくると大橋元中佐は、話をしていても軽妙洒脱だし、聴取している者を飽きさせない、そういった話術の巧みさがあった。だからこそ経営塾に通う固定のファンが多くいたと言えよう。

日露戦争や第一次世界大戦の“戦訓”をもとに昭和三（一九二八）年に編まれ、日本陸軍で将官・参謀など、限られた高級将校だけに閲覧を許された軍事機密が『統帥綱領』である。『統帥参考』はその解説書として昭和七（一九三二）年に刊行された。どちらも終戦後に焼却されたが記憶を元に復刊され今に至っている。

第2章

ビジネスに生かせる言葉

黒木為楨《くろきためもと》

【陸軍大将
一八四四―一九二三
享年七八歳】

「中途で迷ったり方針変更するのが一番いけない。より重大な事態が生じたら、その時点で考え適切な処置を講ずればよろしい」

ビジネスにもつながる作戦行動の鉄則

この言葉は、黒木為楨大将が日露戦争の際、第1軍に観戦武官で従軍していた、ドイツのマックス・ホフマン大尉の問いかけに応じたものである。作戦行動を開始したとき敵の前線に動きがあったらどうするか、という質問への返答だった。

それから一〇年後のタンネンベルク会戦に際して、ドイツ軍が全兵力を集中したとき、ロシア軍に動きが垣間見られた。このときドイツ第8軍司令部に動揺が生じるが、ホフマン中佐は全く動じることはなく、作戦続行を主張したのだ。これは一〇年前の教訓を、彼がしっかり学んでいたにほかならない。物事の方針をいったん確固たる決心で定め実行に移した場合、事態の変化に惑わされるのが一番いけない。すべてを振出しに戻すと、それはゼロでなくマイナスの効果を生じる方が多いからである。

もちろん状況は刻一刻変化するものだから、細部における変更はあっても然るべきだ。しかしながら根幹——すなわち戦略レベルで変更しようとしたら、殆《ほとん》ど上手くゆくわけがない。兵力の遂次投入が、戦術レベルで可とされるものの、戦略レベルで不可なのと軌を一にしている。

黒木大将は九連城攻略直後、湯山城まで進出せよとの参謀本部の指示に対し、その先の鳳凰城まで一気に進んでしまう。これは軍規模——三個師団の兵力の駐留が、湯山城では収容不可能だったことによる。ロシア軍は鳳凰城での迎撃を決め防備工事のところ、突然日本軍が進撃してきたので、慌てふ

タンネンベルク会戦
一九一四年八月一七日から九月二日にかけて行われた、第一次世界大戦におけるドイツ帝国とロシア帝国間の最初の戦い。ロシア軍の兵力はドイツ軍の二倍以上であったが、この戦いの結果、ロシア第2軍は東プロイセンで包囲殲滅され、ロシア第1軍はロシア領内への撤退を余儀なくされた。

ためいて総退却となった。

これについても黒木大将は、

「参謀本部の言うとおり、一寸刻みで進んだとしたら、敵に防備の時間を与えてしまう」

と、過剰な慎重さに意見を述べていた。

この言葉もまた正論である。遥か彼方の砲弾の飛来しないところにいる参謀本部員は、地図上でしか距離を把握していない。だから現地軍部隊と多くの場合、異なる距離感で戦闘を考えることが多いのだ。


黒木為楨は帖佐姓の家に三男として生まれ、黒木家へ養子に入っている。どちらの父親にも「為」が付いていたので、姓が変わったという違和感はあまりなかった。戊辰戦争は下級指揮官として従軍、明治四（一八七一）年に陸軍大尉で任官した。八年に中佐に進級すると、西南戦争は広島歩兵第12連隊長として、薩摩出身ながら薩摩軍と戦った。

明治一一年に大佐となり、翌年近衛歩兵第2連隊長を拝命した。日清戦争は中将として熊本の第6師団を率いたが、ここでも大きな活躍の場はなかった。しかしながら日露戦争では、大将・第1軍司令官となって真っ先に進み、緒戦の九連城攻撃でロシア軍を圧倒してしまう。次いで弓張領において師団単位の夜襲を実施、更に太子河での敵前渡河など、大胆な作戦で敵将クロパトキン大将の後退を強いた。

この戦争の日本政府の戦費は、その多くを戦時外債に頼っていたが、黒木軍の快進撃で売行が好調に転じ、愁眉を開いたのである。もしそれが思うに任せない状態だと、戦争の継続すら危ぶまれたのだった。

そうした日露戦争の最大の功績者の一人にもかかわらず、黒木大将が元帥府に列せられることはなかった。遼陽で敗色濃厚だった奥保鞏《やすかた》大将や、これといった戦功のない寺内正毅《まさたけ》大将が、元帥府に列せられたのと較べると奇妙な感を受ける。この原因は参謀本部の指示に再三、従わなかったからとの説が強い。

山本権兵衛《やまもとごんべえ》

【海軍大将 一八五二—一九三三 享年八一歳】

「人材さえあれば艦船砲機は付随してできる」

総理大臣を二度務めたほどの人事能力

この言葉は、日露戦争の前後ずっと海軍大臣だった、山本権兵衛海軍大将の口癖としたものである。如何に最新の兵器を揃えたとしても、それを使用する人間に能力が欠如していたら、それこそ宝の持ち腐れとなってしまう。そのあたりを言い表わした言葉であると言えよう。

双方が同じ性能の軍備を整えていても、それを使用する将兵の資質の差によって、戦力は明白に差が生じてくる。指揮する者たちの用兵の技術から使用する者の練度により、格段の差が出てくるものなのだ。

優れた人材が多く育っていた日露戦争の頃には、臨機応変に組織が機能してゆき、国全体が前進していった。ところがそれが硬直化を見せた昭和の軍閥は、都合の悪い事柄を糊塗するという悪弊が生じる。また人事などの面でも庇い合いが目立ち、無責任体制へと突き進んでゆく。

昭和一〇年代のヨーロッパ各国は、戦車の開発研究に熱心だった。軍事後進国と思われたソ連ですら、五月一日の赤の広場での軍事パレードに、大きな主砲と厚い装甲を有する戦車が隊列を形成して進み、日本との差を見せつけていた。ところが陸軍はこれに目を逸らし、あるいは目を閉じ、低い性能の戦車を戦場に送り出したのである。

海軍はこの山本大将の言葉が影響したものの、大鑑巨砲主義が根強く存在し、航空戦力重視に気づいたアメリカの前に、日露戦争の戦勝から四〇年にして敗北した。これはレーダーの開発に冷水を浴びせ、「卑怯者のやること」

大鑑巨砲主義
一九〇六年以後一九四五年まで、世界の海軍が主力である戦艦の設計・建造方針に用いた思想。当時は戦艦部隊同士の砲撃戦によって戦争そのものの勝敗が決まるとされ、他国より強力な戦艦を保有することを目指した。日本海軍は世界最大の戦艦である大和型を建造したが、第二次世界大戦では主流は戦艦から航空母艦に変わっていた。

と決めつけた海軍軍令部の幹部の責任と断言してよい。つまり「人材がなかった」のだ。つまり人間はいたが人材でなく、従って「艦船砲機が付随しなかった」と断言してよい。

山本大将は閣僚たちから陰で、田吾作の代名詞のような「ごんべえ」と名で呼ばれていた。けれど大事な政局に係わる場面では、自説を主張するだけでなくバランス感覚を示す。このため次第にそうした呼び方はなくなっていったという。

日露開戦に備え当時の政府や軍部は、人事の面を重要視した。だから桂太郎総理大臣は戦争を挟んで四年半在職し、山本海相も七年二ヶ月その地位に留まった。陸海軍ともに指令官級は比較的同じ地位の在職期間が長く、とりわけ陸軍は師団長から連隊長あたりまで、四年から五年同じ任地という者が少なくないのだ。人事の妙と言えるだろう。

山本権兵衛は薩摩藩の祐筆《ゆうひつ》、そして槍術師範の父の三男として生まれた。

祐筆
公文書や記録の作成などを行う事務官僚。右筆、執筆とも。

薩英戦争や戊辰戦争に従軍、明治二(一八六九)年に藩の東京留学生に選ばれ、昌平黌《しょうへいこう》や開成所で学ぶ。それから海軍操練所に入り、海軍兵学寮にと進んだ。

明治七年に少尉補となり、〈筑波〉でアメリカ巡航、ドイツ艦での世界周航などを経験、一〇年四月に少尉に進級した。一一年一二月に中尉、一四年一二月に大尉と昇進、砲術教授などを経た。一八年六月に少佐となり、二〇年一〇月から一年間、樺山資紀《かばやますけのり》随員で欧米へ派遣されてもいる。

やがて二二年四月に中佐となるや、わずか四ヶ月で大佐――〈高雄〉の艦長にと昇格、二四年から海軍省関係の仕事が多くなってゆく。日清戦争中は殆ど海軍省内で、二八年三月に少将、三一年五月に中将へと栄進、この年の一一月から実に三九年一月まで海相の地位に在った。三六年六月に大将となっている。

大正二(一九一三)年から三年四月、そして一二年九月から一三年一月まで、二度にわたり総理大臣になった。

児玉源太郎《こだまげんたろう》

陸軍中将
一八五二―一九〇六
享年五四歳

「地位も順序もそれは平時の考え方。今やこの非常の難局に際会して、ただ目指すものは危機克服の一点があるのみ」

国難に際し、降格人事を平然と受け入れ

児玉源太郎は日清戦争以後、台湾総督と兼務という形で、第四次伊藤内閣の陸相、第一次桂内閣の内相と文相を務めた。ところが日露戦争を目前にした明治三六（一九〇三）年一〇月に、参謀本部次長だった田村怡与造《いよぞう》が急死してしまう。「いま信玄」と呼ばれた甲州出身のこの人物の後任は、中途半端な人間を充てられない。そこで白羽の矢が立ったのが児玉であった。

田村怡与造
嘉永七年―明治三六年。山梨県出身の陸軍軍人。優れた戦略家として評されている。ロシアとの戦争を想定して戦略を練り、過労のため日露戦争開戦の前年に死去。享年四八歳。

しかしながら参謀次長は本来、少将と相場が決まっていた。児玉はこのとき中将である。しかも陸相や内相などを歴任しており、もし彼をその地位に就けた場合、二階級下の「降格人事」のような格好になってしまう。

だが、児玉中将は平然とこの人事を受けた。そして訝る周辺の者たちに、冒頭の言葉を述べたのだ。

児玉中将は身長五尺――一五一センチほどの小兵であった。ドイツのフランクフルト駅頭を軍服姿で歩いていたら、ドイツ人は兵隊ごっこをしている子供と間違えた、というくらいだった。そんな彼がこの一言によって、俄然大きく見えたという。

参謀次長に就任した児玉中将は、寝食を忘れてロシアとの戦争の戦略に没頭してゆく。前任者の田村少将、また明治三二年に早逝した参謀総長の川上操六大将のように、生命を削ってまで頑張ったのだった。参謀総長の大山巌元帥は、「児玉さんに任せておけば大丈夫」と、全面的に信頼し切っていた。

そして日露開戦の運びとなり、満洲軍総司令部が編成されると、大山は総司令官、児玉は総参謀長として、そっくり満洲の戦場に出征していった。

それからの児玉中将は満洲軍総司令部に居坐っていたわけではない。ときに東京へ帰って和平工作を進めさせ、あるいは乃木第3軍が旅順で拙戦を続けると督戦し、最後には自ら攻略に乗出した。

そうした児玉中将の言葉にもう一つ、

「少なくとも三ヶ月以上の準備なくして、この種の図上の計画は、たとえそれが名案であっても、その実現はないのと同然である」

と、準備不足での作戦の実施を諫めたものがあった。

東京が初空襲を受けたことで狼狽し、図上演習もせずミッドウェー作戦を実行した、南雲忠一中将に聴かせてやりたい言葉だ。「兵聞拙速《へいもんせっそく》」は兵家の常だが、これは軍事行動のことであって、作戦計画が拙くてよいとは誰も言っていないのである。

児玉源太郎は父が勤王派だったことから、長州藩の支藩——徳山藩で冷遇され、児玉家取潰しの羽目となった。けれど藩の方針変更により一転救われ、戊辰戦争では北海道まで遠征、彼は下士官から叩き上げてゆく。

佐賀の乱では瀕死の重傷を負い、神風連の乱では熊本の治安を恢復させ、西南戦役では熊本籠城戦を戦うなど、波乱に富んだ下級将校時代を過している。それだけに我慢強く耐えることができ、たいてい一年前後で逃げ出した者の多い台湾総督を、兼務とはいえ八年以上も勤め上げた。一医師であった後藤新平の登用など、人材を見る目もたしかだった。

明治一三（一八八〇）年に東京鎮台歩兵第2連隊長（佐倉）の頃、歩兵第1連隊を率いる乃木希典《まれすけ》中佐と演習で相対し、中央突破して乃木軍を一蹴するなど、戦術の面でも卓越した用兵の冴えを示したのである。

明治三九年に参謀総長となるが、在職三ヶ月ほどで急逝した。このとき明治天皇は、御沙汰書、祭粢料《さいしりょう》五〇〇〇円、白絹二疋、供物一台、それに特賜金五万円を侍従に届けさせた。一五〇〇〇円で立派な貸家が一軒持てた時代だから、この金額の大きさは児玉に対する正当な評価と言えるだろう。

佐賀の乱
明治七（一八七四）年二月に江藤新平・島義勇らをリーダーとして佐賀で起こった明治政府に対する士族反乱。国民軍が軍隊を編成した初めての大規模な内戦で、激闘の末、政府軍が勝利した。

神風連の乱
明治九（一八七六）年一〇月、秩禄処分や廃刀令に不満を持った一部士族が熊本で起こした反乱。この事件に呼応して、秋月の乱や萩の乱が起こり、翌年の西南戦争へとつながっていった。

米内光政《よないみつまさ》

【海軍大将
一八八〇―一九四八
享年六八歳】

「ジリ貧を避けようとして、かえってドカ貧に陥る」

対米戦に反対した海軍大将の慧眼

この言葉は、アメリカとの開戦の寸前、元首相の米内光政大将が洩らしたものである。「少しずつ貧乏になるのを避けようとして、かえって極貧に陥る」といった意味で、「ドカ」とは「ドカ雪」などに用いられる。

昭和一六年の日本は南部仏印進駐の結果、アメリカの石油禁輸を喰らい、海軍はその備蓄を二年で喰い潰す、という状態に追いこまれてしまった。このため慎重だった海軍が、一気に対米開戦へと傾く。

昭和一五年一月から七月まで首相の地位にあった米内大将は、国家が一気に奈落の底へと転落してゆくと、こうした発言になったのである。彼が首相を退いたあとわずか一年少々のあいだに、近衛文磨と東条英機の二人の首相が誕生し、既に「元首相」となっていたのだ。

米内首相は海相時代、山本五十六海軍次官と二人で、日独同盟に懸命に反対した。しかしながらどちらも相次いで異動し、後任の海相及川古志郎大将が消極的賛成を表明、一気に同盟へと突き進んだのであった。


米内光政は盛岡の南部藩士の家に長男として生まれ、盛岡中学から海軍兵学校に入り、明治三七（一九〇四）年に中尉となったとき、病気になり一時休職している。

砲術の専門家として〈新高《にいたか》〉、〈薩摩〉、〈利根〉の砲術長となり、四二年には砲術学校の教官を拝命した。このあたりから推測すると、相当の力量を持っ

近衛文麿
明治二四年–昭和二〇年。東京出身の政治家。貴族院議長、内閣総理大臣、外務大臣、国務大臣などを歴任。戦後、A級戦犯として裁かれることが決まり、青酸カリで服毒自殺。享年五四歳。

た砲術将校だったことが窺われる。

大正元（一九一二）年に少佐となると、直ぐ海軍大学校に入学している。これを一年半で終えると、四年から六年にかけての二年二ヶ月のあいだ、ロシア駐在を経験した。これは第一次世界大戦――それに続くロシア革命初期の期間で、彼は得難い体験をしていたのだった。

ロシアとの係わりは更に続き、中佐に昇進後の大正七（一九一九）年に出張、直ぐ帰国後に軍令部参謀として、浦塩派遣軍付となる。ロシア革命に干渉する戦いに加わったのである。

一一年からは大佐として、三年のあいだで、〈春日〉、〈磐手〉、〈扶桑〉、〈陸奥〉の艦長を歴任している。一四年には少将に、更に昭和三（一九二八）年には中将に累進、艦隊長官や鎮守府長官となった。一一年に連合艦隊司令長官となるものの、わずか二ヶ月で海軍大臣に転じた。このときの次官である山本五十六少将とのコンビは前述のとおりであった。

昭和一二年四月に大将へ進み、一五年一月に予備役へ編入され、それから

小磯国昭
明治一三年－昭和二五年。栃木県出身の陸軍軍人、政治家。第四一代内閣総理大臣。東京裁判で終身禁固刑となり、巣鴨拘置所にて食道がんで死去。享年七〇歳。

指名を受けて首相となった。彼の考えは親英米であったことから、日独伊三国同盟に徹底して反対した。このため陸軍との対立が決定的となり、ついに協力が得られなくなって、総辞職にと追いこまれたのが顚末《てんまつ》と言えた。

敗色濃い昭和一九年七月、予備役の米内大将に現役復帰の機会が訪れる。そして直ぐに小磯国昭陸軍大将の組閣に際し、海相にと任命された。この地位は続く鈴木貫太郎海軍大将の内閣、東久邇宮稔彦王《ひがしくにのみやなるひこおう》陸軍大将の内閣、幣原《しではら》喜重郎の内閣でも変らず留任した。

最後は戦争の終結に当たり、海軍の解体に努力し、二〇年一一月三〇日に廃官となった。かくして米内大将の四〇年以上にわたる海軍との係わりに、終止符が打たれたのだった。

鈴木貫太郎
慶応三年－昭和二三年。大阪出身の海軍軍人、政治家。第四二代内閣総理大臣として戦争終結へと導いた。戦後、肝臓がんで死去。享年八〇歳。

東久邇宮稔彦王
明治二〇年－平成二年。京都府出身の旧皇族、陸軍軍人。終戦後、敗戦処理内閣として憲政史上で最初で最後の皇族内閣を組閣した。

幣原喜重郎
明治五年－昭和二六年。大阪府出身の政治家。第四四代内閣総理大臣。

山本五十六《やまもといそろく》

【海軍大将（元帥）
一八八四―一九四三
享年五九歳】

「男にとって有意義な時間の過ごし方は、勉強すること、運動すること、寝ることとの三つしかない。それ以外の時間の使い方は中途半端で役に立たない」

多くの名言を残した連合艦隊司令長官

山本五十六は小学校長の高野家に生まれ、父が五十六歳だったことで「五十六《いそろく》」と命名された。生家は今も残るが質素極まりない佇まいだ。

長岡中学から海軍兵学校に入学、日露戦争のさなかの明治三七（一九〇四）年一一月に卒業、少尉候補生として軍務に就いており、日本海海戦で戦傷を負った。

日本海海戦
日露戦争中の明治三八（一九〇五）年五月二七日〜二八日の間で行われた海戦。日本海軍の連合艦隊と、ロシア海軍の第2・第3太平洋艦隊とが戦い、海戦史上まれな日本軍の一方的勝利となった。

そうして軍人の道を歩み始めた高野五十六は、極めて合理的な考えの持主であった。そのあたりは冒頭の言葉からも窺われる。学生は当然だが勤務に入っても、職務に精通するため勉強は欠かせない。勉強を続ける人間と怠ってしまった人間では、五年後一〇年後と大差がついてゆくからである。

運動することも肉体を鍛える意味から、やはり当然の事柄の一つだ。いくら優れた頭脳の持主でも、身体が弱く病気がちだったり、早逝しては何ら役立たないままに終わってしまう。

そして「寝ること」――睡眠も重要な要素の一つだろう。勉強し運動して疲れた頭脳や肉体を、休息させる意味での睡眠は不可欠だと言える。よく不眠不休で何日も頑張ったという人間がいるが、そんなものは愚の骨頂であって、その間にロクな仕事などやれてないはずである。やはり適度の睡眠と休息――一日の三分の一ぐらいをこれに充てないと、満足な仕事はできないと考えてよい。

だからこの言葉は正しい。それ以外は枝葉末節だという切捨て方も、いかにも海軍士官らしいと言えるだろう。彼はポーカーの名手として知られたが、そのことに費やす時間もまた勉強の一つだったのか、はたまた単なる気分転換——中途半端な時間だったのか？

　高野五十六は二年ぐらいの間隔で進級してゆき、明治四二年には大尉になっていた。それまでに九艦の乗組を終え、以後は陸上勤務が主となる。海軍大学校に学んだのもこの時期で、大正四（一九一五）年に少佐となり、翌年に長岡藩家老の山本帯刀《たてわき》の家を継ぎ、山本姓にと改姓したのである。三三歳のときだった。

　大正八年から二年二ヶ月にわたりアメリカに駐在したが、このときハーバード大学に留学している。その後に一四年から昭和二年にかけての二年ほどを、今度は駐在武官で彼地に勤務した。

　昭和三年に一〇ヶ月を〈赤城〉の艦長になったのち、軍令部に配属され国際会議に二度、そしてロンドン出張など英語の能力を評価された任務が増え

山本五十六の言葉

やってみせ、言って聞かせて、させてみせ、ほめてやらねば、人は動かじ。話し合い、耳を傾け、承認し、任せてやらねば、人は育たず。やっている、姿を感謝で見守って、信頼せねば、人は実らず。

苦しいこともあるだろう。云い度いこともあるだろう。不満なこともあるだろう。腹の立つこともあるだろう。泣き度いこともあるだろう。これらをじっとこらえてゆくのが男の修行である。

実年者は、今どきの若い者などということを絶対に言うな。なぜなら、われわれ実年者が若かった時に同じことを言われた

ていった。九年一一月に中将へと昇進、航空本部長あるいは海軍次官として、その能力を発揮してゆく。この米内光政海相の下での次官時代は、海相と二人で日独軍事同盟に反対、懸命に喰止めたのである。

けれど一四(一九三九)年八月一八日に連合艦隊司令長官にと栄転、その後に海相となった及川古志郎大将が優柔不断で、ついに松岡洋右《ようすけ》外相に説得されるとの事態を招く。

やがて昭和一六年に日米開戦が迫ると、彼は連合艦隊司令長官として、

「半年か一年なら大いに暴れてみせるが、その後の保障はできない」

と、見通しを問われてそう返答した。

山本大将は一六年八月まで第1艦隊司令長官を兼務していたが、これを南雲忠一海軍中将に引継ぐ。米沢藩出身だが祖先は越後という新長官は、ミッドウェー海戦で痛恨の判断ミスをやり、この大敗北で形勢は一気に傾いてしまう。そして一年半暴れた山本大将はソロモンで撃墜死を遂げ、異例だが死後元帥府に列せられた。


はずだ。今どきの若者は全くしょうがない、年長者に対して礼儀を知らぬ、道で会っても挨拶もしない、いったい日本はどうなるのだ、などと言われたものだ。その若者が、こうして年を取ったまでだ。だから、実年者は若者が何をしたか、などと言うな。何ができるか、とその可能性を発見してやってくれ。

今村均《いまむらひとし》

【陸軍大将
一八八六―一九六八
享年八二歳】

「日露戦争であれだけの偉業を打ち立てた我が国がその後、わずか四〇年にして今次敗戦の惨敗を喫したことは、外敵の破摧にもよるが、それ以上に自ら内蔵していた致命的欠陥のためではなかったかと考える」

何故負けたかの反省を促す貴重な提言

今村均中将は第16軍司令官のとき、開戦劈頭のマレー方面の作戦の陣頭指揮を執り、坐乗した輸送船が撃沈され海を泳ぐ、という軍司令官として希有《けう》な体験をした。それだけ最前線近くに自ら位置し、作戦の進捗を見守っていたとの証拠である。

この冒頭の言葉は敗戦後、何故負けたかの反省を促す、貴重な提言として知られる。その言葉はこう続く。「そのためには日露戦争の真相そのものの調査から、その根源を洗い直してみる必要があると思わざるを得ない」。同様の反省を促す言葉は、終戦の際に近衛師団長だった森赳《たけし》中将、それに海軍の井上成美《しげよし》大将も発言しているが、そういった高級将校も少なくなかった点に注目すべきだろう。

実際のところ日露戦争の詳細にわたる検証の類は一切行なわれていない。これは満洲軍総司令官の大山巖《いわお》元帥が、はっきりと禁止を命じていたのだ。今後の教訓となる作戦の是非が、全く再検討されることなく封印されてしまったこととなる。

そのため戦後暫くして刊行された参謀本部の編んだ『日露戦争』は、総花的な記述に終始しており、拙劣な戦争指導や高級参謀将校（参謀長級）の情報分析のミスなどが、すべて覆い隠されていた。一方で黒木為楨大将の第1軍がやってのけた、弓張嶺の師団単位の夜襲、はたまた太子河の敵前渡河などの偉大な作戦が、実に軽く扱われたのであった。

今村大将（昭和一八年五月に昇進）は、具体的な名前は出さないものの、その満洲軍総司令官の指示にこそすべての根源が始まる、と見抜いていたはずである。それがこの言葉の随所に見受けられる。

大山元帥としては満洲軍総司令部の失敗――明治三八年初頭の黒溝台方面へのロシア軍の攻勢を見抜けなかったこともあり、自由な批判を許したら最後、自らも火の粉を浴びる危険性を見抜いていたのだ。それにより総司令官の何よる指示が出された理由が、はっきり理解できると言えよう。

今村均は宮城の出身で、判事の二男として生まれた。軍人一家の典型と言ってよいほど、一族に職業軍人が多く、三人の弟、妹の夫、妻の父、義兄、それに甥が軍人であった。

明治三八（一九〇五）年に新発田中学から士官候補生となり、四〇年に卒業すると年末に任官、少尉として生まれ故郷仙台榴ケ岡の歩兵第4連隊に着任した。中尉として陸軍大学校に入学、大正四（一九一五）年に卒業している。

その後は軍務局勤務となり、一年八ヶ月後に三重県津の歩兵第33連隊付のまま、イギリス駐在を命じられた。これは極めて長く三年四ヶ月に及ぶ。

帰国後は参謀本部付、少佐として上原勇作元帥副官となり、一五年八月に中佐昇進と同時に朝鮮の咸興《ハンアン》にある歩兵第74連隊に配属された。昭和に入ると忙しく多くの部署を歴任、五年に大佐として軍務局徴募課長、次いで参謀本部課長などを歩いたのち、七年四月に佐倉の歩兵第57連隊長を拝命している。

昭和一〇年に少将へ累進、以後も旅団長、関東軍参謀副長、兵務局長を勤めた。一三年に中将へ進むと、広島の第5師団長を経て一六年に第23軍司令官、更に第16軍司令官に就任、このとき前述のとおり海を泳いだ。

昭和一八年に大将となったが、駐留先のラバウルで終戦を迎え、ここで収監された。オーストラリア法廷で禁固一〇年の判決を受けるが、オランダ法廷では無罪となり、二九年一一月に出所したのであった。

井上成美《いのうえしげよし》

【海軍大将 一八八九―一九七五 享年八六歳】

「世界は日々に進歩を重ねている。とくに科学と技術の分野は目覚しいものがある。それにもかかわらず、日本だけ戦略と技術に関して、進歩というものがない。日露戦争で勝った発想で、現在の軍備を考えているとは、時代錯誤そのものである」

偏った精神主義を厳しく批判

昭和の日本陸軍と海軍は、守旧思想に支配されていた。軍備を整える責任者たちは、日進月歩する兵器の開発競争に、遅れないよう細心の注意をすべきなのに、それを怠って世界の趨勢《すうせい》に遅れていったのである。とりわけ陸軍にその傾向が強かった。

例えばレーダーすなわち電探は、日本でも開発に着手していた。ところがそれを「卑怯者のやること」と言って、拒絶反応を示した高級将校が、陸・海軍を問わず存在した。それに代わる手段と問われて、「大和魂で戦え」と返答したのだから、愚の骨頂ここに極めりであった。

戦車などは遅れをとった最たるものと言える。昭和一三（一九三八）年のモスクワのメーデーのパレードに、主砲も大きく装甲の厚いソ連軍の戦車が行進した情報は、武官を通じて参謀本部に報告されていた。この同じ五月の徐州会戦では、軍神西住小次郎中尉が装甲を孔だらけにされ戦死しているにもかかわらず、陸軍は装甲車に毛の生えたような戦車しか計画しなかった。

小銃の自動化も計画されたが、もし全部隊が自動小銃となった場合、その頃の弾薬備蓄量を二日で撃ち尽くすという試算に開発中止となってしまう。火力を強化することよりも、備蓄量が心配になったわけだから、お粗末極まりない思考回路と言える。工業基盤を強化し弾薬の生産量を増やす、という発想が、全然なかったのに驚きすら覚える。

そうした状況だったことを、井上成美大将は冒頭の言葉で言い表している。

徐州会戦
日中戦争中の昭和一三（一九三八）年四月から六月まで、日本と中国との間で行われた戦闘。日本軍は徐州を占領したが、敵主力を包囲撃滅することはできなかった。この会戦中に戦死した西住小次郎をマスコミは軍神として大きくとりあげ、軍も公式に軍神とした。公式に軍神となったのは西住が最初となる。

軍備は常に新しい兵器を開発することに始まり、そして終わるのである。

一九八〇年代初頭に戦車八〇〇〇輌を第一線配備したソ連軍も、次の世代への切替えで国家予算が限界に達し、東西冷戦に敗退した。現在の中国が海軍力を増強しているが、これも二〇二〇年代中期から限界に達するはずだ。量から質への転換は大国の場合、極めて厳しいと考えてよい。


井上成美は仙台藩士の八男として生まれ、兄弟や親族に軍人が少なくない。仙台二中を卒業後、明治四二（一九〇九）年に海軍兵学校を終え、一年後に少尉に任官した。

大正元（一九一二）年に中尉、四年に大尉として勤務し、〈扶桑〉分隊長となっている。そして五年から六年に海軍大学校に学ぶ。七年から一一年にかけ三年三ヶ月にわたって、スイス、ドイツ、それにフランスに駐在。その間に少佐に進級した。

昭和二（一九二七）年より二年間はイタリアに駐在武官として赴任したが、

独・仏・伊の三ヶ国語を習得していたことになる。このローマ勤務の最後に、大佐へ昇進したのであった。

帰国後は海軍大学校教官、軍務局第1課長、そして昭和八年に〈比叡〉艦長を拝命している。これは一年九ヶ月にわたった。

昭和一〇年に少将累進とともに横須賀鎮守府参謀長、次いで軍令部出仕となり、一二年には軍務局長として二年在職した。

中将への昇進は一四年のことで、その一年後に航空本部長という職務に就く。更に第4艦隊司令長官、海軍兵学校長、海軍次官へと栄転してゆく。しかしながら海軍次官の頃には戦局が大きく傾いており、手腕の見せ場はもうなかった。二〇年五月に大将に昇進、終戦後に予備役とされた。

栗林忠道《くりばやしただみち》

「学校秀才は自負心がやたらと強い。だから実社会や軍人でも、実践の場で役立たぬ者が多い」

陸軍中将
一八九一―一九四五
享年五三歳

学歴エリートの悪弊を糾弾

この言葉は、栗林忠道中将が常に口にしていたものだ。学校秀才――あるいは超一流校出身者が、唯一の拠りどころである学歴だけをふりかざし、何かと口を出すのに、辟易した経験のある人も少なくないだろう。

日本陸軍で幅を利かせていたのは、実はそういった人種だったのである。

その典型が陸軍幼年学校から陸軍士官学校、そして陸軍大学校をトップで卒

辻政信
明治三五年－昭和三六年（行方不明）。石川県出身の陸軍軍人、政治家。陸軍中央幼年学校、陸軍士官学校を首席で卒業。陸軍大学校も三番で卒業し、恩賜の軍刀を拝領している。終戦後は書籍を次々と出版しベストセ

業していった、辻政信中佐のような頭でっかちの軍人と言えた。

栗林中将はそうした類の連中を役立たずと決めつけている。ところが例外もまた多くはないが見出せた。その典型的な例は彼自身なのだ。彼は大正一二年に騎兵大尉として陸大を卒業しているが、このときの席次は「恩賜《おんし》の軍刀」——すなわち二番だった。陸大に推薦されるだけでも秀才中の秀才なのに、卒業時に軍刀を拝受したのだから生半可ではない。

そんな彼の発言故に、この言葉には重味が見出せる。学校と社会とでは違うのだぞ、という戒めがそこにはある。つまりそうした認識ができていた栗林中将だからこそ、名将として名を残せたのだ。

硫黄島に司令官として着任後、彼のやった人事政策は厳しい。頭でっかちの軍人の見本のような、「廊下鳶《とんび》」の堀江芳孝少佐などは、小笠原の父島へ補給担当として追いかえした。また砲撃で以てアメリカ軍の上陸を阻止できると主張した、砲兵畑の指揮官クラスをも更迭している。「腐ったリンゴ」たちに対しては、徹底的にメスを揮って不協和音を排除したのである。こう

ラーに。その後政治家へと転身。休暇を取り東南アジアへ行くも現地で行方不明となる。その失踪には様々な憶測が流れた。

恩賜の軍刀
日本軍の陸軍士官学校・陸軍航空士官学校・陸軍大学校・海軍兵学校・海軍大学校といった補充学校において、成績優秀な卒業生に授与される軍刀のこと。恩賜品は必ずしも軍刀ではなく時代や学校別に諸々であり、初期の陸大においては望遠鏡(双眼鏡)、陸士では銀時計だった。

した者たちからは硫黄島陥落後——主として戦後に、栗林批判が出たものの全く論拠に乏しいものばかりと言えた。

昭和一二（一九三七）年八月から一五年三月にかけて、騎兵大佐だった彼は兵務局馬政課長の地位に在った。このとき公募が行なわれ、〈愛馬進軍曲〉が選ばれるが、彼は一番の最後のところを「取った手綱に血が通う」とだけ注文を入れ、これを当選に決めたというエピソードが残っている。これは軍歌のなかの名曲として知られた。

栗林忠道は長野の地主の二男として生まれ、長野中学校を卒業後に士官候補生となり、大正三（一九一四）年に陸軍士官学校を卒業した。この当時の花形——最も機動力を有した騎兵科を選んでいた彼は、卒業の年の一二月に騎兵少尉に任官している。

大正九年に陸軍大学校に騎兵中尉として入学すると、彼は在校中に騎兵大尉に昇進、一二年の卒業時には恩賜の軍刀組となった。軍においてこれは将来を約束されたも同然と考えられた。そして卒業直後に縁あって、同姓の栗林義井と結婚した。

　昭和三年から二年間、アメリカ駐在を命じられ、この間にハーバード大学への留学などを経験して、知米派軍人の一人となる。これがのちに硫黄島へ送られる原因になった、と言われた。同じく六年から二年間は、カナダ公使館付武官として、彼地に滞在していた。アメリカ時代に騎兵少佐、それにカナダ時代に騎兵中佐にと進級を果たす。

　それからは軍務局馬政課、北海道の騎兵第7連隊長、そして前述の騎兵大佐・馬政課長となって活躍したのである。一五年に秋山好古《よしふる》少将縁りの習志野の騎兵第1旅団長に任命され、十二分に腕を揮った。

　昭和一六年九月に第23軍参謀長を命じられ、このとき香港攻略作戦を立案している。一八年六月に中将に昇進、留守近衛師団長となるも部下の失火事件で更迭され、一九年五月に第１０９師団長を拝命した。二〇年三月に硫黄島で戦死を遂げた。

森《もり》赳《たけし》

【陸軍中将 一八九四―一九四五 享年五一歳】

「できるだけ明治建軍にまで遡って考察し、およそ一〇〇年前の真実にもメスを入れ、軍事の根本から見直してかからねばならぬ」

何故日本は負けたのかを冷静に判断

昭和二〇（一九四五）年の敗色濃いなか、何故日本が敗北の憂き目に遭ったかを、秘かに反省する高級将校たちがいた。陸軍の今村均《ひとし》大将、海軍の井上成美《しげよし》大将、そしてこの陸軍の森赳中将が代表的な例と言えた。

彼らに共通していたのは、日本陸軍の建軍にまで遡って考察を加え、いつどこでどう変っていったか、白日の下に晒《さら》そうと考えていた点である。それをしっかりやり遂げない限り、新しく築き上げたとしても所詮は砂上の楼閣に過ぎない、と看破していたのだ。

　前二者が狂い始めた根源を日露戦争と見做していたのに対して、この森中将は「明治建軍」ではないかと考えている。薩長の藩閥が日本の陸軍と海軍に大きな影響を及ぼし、日露戦争の軍司令官もまた薩長のバランスが優先、適格とは思えない乃木希典《まれすけ》大将が第3軍司令官に選ばれた理由もまた、彼が長州出身者だからにほかならない。参謀長は薩摩の伊地知幸介少将だから、ここにも薩長という藩閥人事があったと言えよう。

　森中将の主張する「明治建軍」まで遡る必要性はここにある。何しろ幕府軍の陣営で戦って、明治に日本陸軍へ出仕した者たちから、将軍が誕生したのは明治一九（一八八六）年のことだった。会津藩の山川浩少将の昇進が検討されたとき、山縣有朋などは大反対している。最初の大将昇進者は桑名藩の立見尚文大将で、明治三九年だからそれより更に二〇年後のことであった。

　一事が万事この調子で、それに反発した者たちが明治二〇年代に入り、〈月

山川浩
弘化二年－明治三一年。福島県出身の陸軍軍人、政治家。会津藩家老の家に生まれ、戊辰戦争では官軍と戦った。

曜会〉という集いを開いた。皮肉なことに中心人物のなかには、三浦悟楼《ごろう》や堀江芳介といった長州出身者がいたのだ。彼らの目から見ても不公平人事は、日本陸軍の将来のためにならぬと映っていたのであろう。その結果、彼らは異動となり休職にと追いこまれた。

前二者の場合は「日露戦争」——すなわち作戦用兵に論評を禁じた、大山巖《いわお》元帥への批判が行間に窺われる。これが戦略戦術研究の芽を摘んだことは、誰が何と言おうと否定できない事実であった。

森赳は高知出身で、士族だった銀行員の父の長男に生まれた。三人の妹もすべて陸海軍の軍人に嫁ぎ、彼を含め三人が将軍という軍人の一族である。広島幼年学校からの主流組で、大正五（一九一六）年に陸軍士官学校を卒業、この年の暮に騎兵少尉に任官した。八年から九年にかけての一年近い騎兵学校在中、中尉に昇進している。

大正一〇年から陸軍士官学校付となり一三年に教官となったものの、わず

月曜会
近代軍隊形成を学術研究するため陸軍士官学校第一期第二期生の少尉が明治一四（一八八一）年に結成した集まり。当初は長岡外史、田村怡与造ら一三名であったが、設立趣意書を全軍に配布し、会員が拡大していった。

か三ヶ月で陸軍大学校の入学が決まる。ここに在学中に大尉へ進級している。陸大を卒業したのは三年後の昭和二（一九二七）年だった。

昭和四年に参謀本部付に異動となり、支那課に勤務している。次に参謀本部員、続いて参謀本部付の支那研究員に任命された。これは陸士時代に外国語として支那語を選択したことによる。六年八月には少佐に昇進した。

昭和七年に関東軍参謀となるが、一年半後には騎兵学校教官、更に一年一〇ヶ月後に陸大教官を拝命している。一〇年八月に中佐、一三年に大佐、一六年に少将と順調な出世ぶりを示した。一八年二月に憲兵司令本部長、一九年に第19軍参謀長などを歴任、二〇年三月に中将となり、一ヶ月後に近衛第1師団長に就任したのであった。

終戦の日に決起を呼びかける若手将校の説得に当たるが、それも空しく彼らに射殺された。一度も実戦を経験しておらず、外地勤務もないという経歴が目立った。

長勇《ちょういさむ》

陸軍中将
一八九五―一九四五
享年五〇歳

「攻撃戦力を持っているあいだに攻勢をとり、運命の打開を期すべき」

徒《いたずら》に待つだけでは愁眉は開けない

いつ決戦に出るか、その時機を見計るのは実に難しい。時間の経過が味方するか、はたまた敵となるのか、それによって大きく異ってしまう。

とりわけ守備する側にとっては、攻撃側が主導権を握っているだけに、どうしても受身にと廻りやすい。そうした流れのなかで機を捉えて一気に攻勢に出ることは、戦闘において不可決なのである。

いくら無理をしていないからといって、敵が攻撃を仕掛けてきている以上、一定の割合で損害は生じてゆく。また当然反撃に転じる以上、弾薬の消耗も著しい。

冒頭の長中将の言葉は、徒に待つだけでは愁眉は開けないから、自軍が攻勢に転じられる戦力を有しているあいだに、総攻撃に出るべきということを示唆《しさ》している。こちらが尾羽打ち枯らした段階では、もう遅いという意味だ。

古来の合戦の歴史を見ると、救援を待っての籠城戦はことごとく失敗に終わった。吉川経家と羽柴秀吉の戦った鳥取城は耐え切れず降服、徳川家康と武田勝頼の武将阿部長教が戦った高天神城もまた飢餓に苦しみ、打って出たときは城兵に戦闘能力が殆ど残されていなかったのである。

沖縄戦の場合は硫黄島の栗林忠道中将と同様に、大本営の指示である水際撃退をせず、アメリカ軍を上陸させてから抗戦に入った。これによって艦砲射撃の損害を出さず、戦力を温存できたのであった。

かくして沖縄での戦闘は八〇日間にわたって続き、日本軍将兵は一二万の

鳥取城
鳥取県鳥取市にあった山城。中世城郭として成立し、戦国時代には羽柴秀吉と毛利軍との戦いの舞台となった。現在は天守台、復元城門、石垣、堀、井戸などが残っている。

高天神城
静岡県掛川市にあった山城。小さい山ながら急斜面で、効果的な曲輪の配置が施されたことで、堅固な中世城郭となっていた。

うち一一万が戦死、一方のアメリカ軍もまた死傷三万八〇〇〇強という、多大な損害を海兵隊だけで出した。硫黄島で二万八〇〇〇強の死傷者を出したアメリカ海兵隊は、その史上最大の損害を被ったことになる。

長中将の考え方は極めて正当であり、徒に待つのではなく適時攻勢をとる姿勢は、すべての戦いに相通じるものと言えよう。野戦の指揮官あるいは参謀にとって、この思考回路は不可欠である。

長勇は福岡の農家の長男に生まれた。修猷館中学を経て熊本幼年学校に入り、大正五（一九一六）年に陸軍士官学校を卒業、この年の暮に少尉として久留米歩兵第56連隊に赴任した。

大正一四年一二月に大尉昇進と同時に、陸軍大学校の入学を果たす。卒業したのは昭和三（一九二八）年一二月のことで、翌年一月に久留米歩兵第48連隊中隊長となり、再び久留米へと帰ってきた。連隊番号が変わっているのは、軍の再編のためである。

陸士時代に外国語として支那語を選択していた彼は、昭和四年一二月に参謀本部支那課勤務となり、満洲出張とか二年にわたる漢口駐在を命じられた。また二度目の参謀本部支那課勤務もあった。

昭和六（一九三一）年八月に少佐へと進級すると、漢口から帰った八年に台湾歩兵第1連隊大隊長となった。また一年後には京都第16師団の留守参謀を命じられている。その後は参謀本部、陸大教官、上海派遣軍参謀、それに中支那方面軍参謀を歴任した。

昭和一三年三月には、朝鮮の咸興《ハンアン》にある歩兵第74連隊の連隊長として赴任、4ヶ月後に大佐へと進級している。一四年三月になると華北編成の第26師団参謀長、更に台湾軍司令部付、印度支那派遣軍参謀長、第25軍参謀副長を歴任してゆく。

昭和一六年一〇月に少将となり、直後に仏印機関長（諜報機関のトップ）を命じられた。そして一九年七月に第32軍参謀長を拝命、二〇年三月――沖縄戦直前に中将へと昇進した。最後は牛島満軍司令官と自決を遂げた。

牛島満
明治二〇年－昭和二〇年。鹿児島県出身の陸軍軍人。沖縄戦において第32軍を指揮し、自決。辞世の句は「矢弾尽き　天地染めて　散るとても　魂還り　魂還りつつ　皇国護らん」「秋待たで　枯れ行く島の　青草は　皇国の春に　甦らなむ」

坂井三郎《さかいさぶろう》

【海軍中尉
一九一六―二〇〇〇
享年八四歳】

「自爆なんぞ俺が許さん。右手がやられたなら左手で戦え。両手をやられたなら口で操縦桿をくわえて帰ってこい。最後まで絶対に諦めるな！」

海軍の撃墜王の確固たるポリシー

この言葉は、坂井三郎海軍中尉の口癖のようなものであった。陸海軍を問わず操縦士たちは重量軽減の意味から落下傘を装着せず、重大な損害を被ったら自爆してしまっていた。そうした典型的な例が陸軍の加藤隼《はやぶさ》戦闘隊長――加藤建男中佐で、不時着を試みることすらせず自爆の途を選んで戦死を遂げた。

そうした風潮に反対していたのが坂井中尉で、彼自身も落下傘の装備はしていないものの、最後の最後まで無事帰還を心掛けろと主張していたのである。そして自らの持論のとおりに、昭和一七（一九四二）年八月にガダルカナルへ出撃した際、目と片腕に重大な負傷をしてもラバウルへの帰還を果たした。出血で目が霞み睡魔の襲ってくるなか、辛うじで基地にたどり着いたのだった。

日本の戦闘機の操縦士たちは、空中戦でやられたらそれまでという、一種の潔さを身上としていた。ところがこれはとんでもない誤まりで、熟練操縦士の損耗という結果を生んでしまう。そのため搭乗時間が不十分な操縦士を戦場に送りこみ、彼らの殆どが長く生残れないとの弊害を生む。一部の例外を除いては、非熟練操縦者が大半、という惨状を招いたのである。

彼らは必然的に戦果の確認すら拙劣で、一九年一〇月一二日から一六日にかけての台湾沖航空戦など、敵空母多数隻を沈めた、というとてつもない戦果が報告された。これを信じてレイテ作戦を実施したのだから、失敗するのは当然であった。このとき日本側は航空機六五〇機を喪失したのだから、そこから類推しても勝っているわけがないのだ。

あらゆる意味から坂井中尉の言葉は正しかった。ところが一見すると死ぬのを恐れているような発言は、公式の場ではばかられることが多かった。そして勇ましい意見ばかりが幅を利かせ、正論が影をひそめたのである。

だからこれは彼ならではできた発言と言えた。反骨精神が極めて旺盛で、上官にも主張すべき点は明確に主張してきた。その片鱗がここにも見られる。坂井中尉は日中戦争から通じて、六四機の敵機を撃墜した。けれどそれよりもっと凄いのは、編隊長として数多くの航空戦に臨み、列機を一機も喪っていない点だと思う。


坂井三郎は佐賀県の農家の二男に生まれ、親戚を頼って上京し青山学院中学に入るが、中退、昭和八（一九三三）年に佐世保海兵団に入団した。一時は三等水平として〈霧島〉に乗組んでいたが、やがて一二年に第三八期操縦術練習生に転じ、そこで次第に頭角を現してゆく。

二等空曹として大村航空隊、ついで台湾の高雄航空隊に配属された。中国大陸に出撃してソ連製のИ（イ）-15やИ（イ）-16、それにアメリカ製のP-40などの戦闘機と渡り合い、次第に撃墜機数を伸ばした。

昭和一六年六月に一等飛行兵曹に昇進、同一〇月に台南航空隊へ移り、一二月八日にはフィリピン空襲に参加している。アメリカのボーイングB-17爆撃機を、最初に撃墜したことでも知られた。

ラバウルに進出してからも更に戦果を挙げるが、やがて前述のようにガダルカナル方面で負傷、片目の視力を低下させてからは、昔日のような撃墜を記録できなくなった。最終的には中尉にまで進級していた。

坂井三郎の著書
戦後に海軍時代の経験を綴った『大空のサムライ』はアメリカ、イギリス、フランスなどでもベストセラーとなり、全世界での売り上げは百万部を突破した。

【『統帥綱領・統帥参考』とは】 2

◉ 軍事機密であり、将校たちのバイブル

陸軍の軍人——就中参謀本部の将校たちにとって、『統帥綱領』と『統帥参考』はキリスト教徒にとってのバイブルのようなものだった。彼らは分厚いこれらの本の内容を、殆どすべて記憶するぐらい読みこんでいた。このため敗戦後にすべて原典が破棄されても、大橋元中佐たち数人が集まり復元を試みたとき、すんなり全文が整ってしまったのであった。それは昭和三〇年代に入り、同氏が解説を付し出版されている。

昭和二〇年代後半から、大橋元中佐は潰れかけた会社の再建に手を貸すこととなり、労働争議に悩まされながら戦い抜き、ついに立て直しに成功したのである。このとき唯一の拠りどころとなったのが、これら二冊の参謀将校の聖典だったのだ。

この事実は独り大橋元中佐だけではない。戦後の混乱期から高度成長期にかけて、大企業から中小企業まで経営陣に軍人出身者が多く見出せたが、彼らもまたそれらを教本として戦略を練っていたのであった。

第3章

男の生き方を学べる言葉

山縣有朋《やまがたありとも》

陸軍元帥
一八三八―一九二二
享年八三歳

「万一如何なる難儀に係るも、決して敵の生擒するところなる可《べ》からず。寧《むし》ろ潔く一死を遂げ、以て日本男子の名誉を全うすべし」

現在も生きている戦場における常識

この言葉は、山縣有朋が日清戦争の際に京城（ソウル）へ到着し、最初に発した訓令であった。たしかに陸戦協定もなく、教育すら受けていない未開の敵との戦いは、捕えられたら最後拷問にかけられた挙句《あげく》、殺されるのが相場と決まっていた。そういった戦場においては現在も、この類の常識は生きているのである。

一例を挙げればソマリアの紛争では、捕えられた国連軍将兵が生きながら、皮膚や筋肉を削ぎ落とされ惨殺された事件が、一九九〇年代にも起きているのだ。その意味で山縣元帥の言葉は必ずしも的外れではない。

実際のところ山縣の歩んだ道を見ると、長州藩の有為の士が早逝《そうせい》したことにより、彼のために道が拓けたように思えてならない。高杉晋作、久坂玄瑞、そして大村益次郎たちが健在なら、彼の出る幕がなかったか、はたまたより小さな存在に終わったであろう。

しかしながら山縣は日本陸軍において、長州出身者の筆頭の地位を固め、薩摩と対抗する勢力を築き上げた。明治一九（一八八六）年に会津藩出身の山川浩大佐が少将に昇進する際には、「会津人を閣下にするのか」と烈火の如く怒ったと伝えられる。日本陸軍が薩長の所有物であるかのような、思い上がった発言だと言えるが、それが少しも不思議でない時代だったのだ。

何と言っても山縣元帥がその本領を発揮したのは、日清戦争での第1軍司令官としての独断専行ぶりである。この「独断専行」は当時のような通信事情が劣悪な時代、一つまた一つと大本営からの訓令や承認を待っていたのでは、時機を失してしまうケースが多く出てしまう。そうした事情を考慮すると、無謀な作戦を展開しない限り、許容範囲は広いと考えてよい。

そこで彼の口から出たのは、「兵は勢いなり、独断専行せよ」、という言葉だった。それに次いで冒頭の言葉が出てくる。

ここで見られる「兵は勢いなり、独断専行せよ」は至言《しげん》であると言える。古来より戦場は勢いのある陣営が勝利を収めるものだから、指揮官はその機を捉えて一気に攻めなければならない。上官に伺いを立てていたら、返事が届いた頃にはもう流れが変わってしまっているためだ。

この第1軍司令官の独断専行は、日露戦争の第1軍司令官——黒木為楨《ためもと》大将にも引継がれ、緒戦からの圧倒的勝利にと繋がる。日清、日露のよき伝統となったと断言してよい。

山縣有朋については、既に語り尽くされているだろうが、長州藩下士卒の家に生まれ、松下村塾で学んでいる。騎兵隊軍監となり、元治元（一八六四）年の馬関戦争では戦傷を負った。その後は幕府側が劣勢になると、彼の地位は急上昇してゆき、慶応四（一八六八）年には北陸道鎮撫総督になるなど、軍事面での地位を不動のものとしていった。

明治五（一八七二）年に陸軍中将となるが、その上にいた陸軍大将の西郷隆盛が征韓論や西南戦争で自滅、ついには参謀本部長などを歴任、陸軍大将にして元勲《げんくん》の待遇を受けた。けれど日清戦争では独断専行が問題となり、参謀本部次長の川上操六中将に更迭されてしまった。健康状態に優れず前線の勤務が困難なため、病気療養が名目となっていた。

それからも山縣大将は、陸相、首相などを歴任、明治三一（一八九八）年には元帥府に列せられた。また日露戦争に際しては参謀総長の地位に就くなど、六七歳にして活躍を見せたのである。大正一一年に死去すると国葬となった。

松下村塾
幕末に長州藩士の吉田松陰が講義した私塾。久坂玄瑞、高杉晋作、伊藤博文、山縣有朋など幕末から明治にかけて活躍した多くの人材を輩出した。

馬関戦争
幕末に馬関（現在の下関市中心部）で起きた、長州藩とイギリス・フランス・オランダ・アメリカの列強四国との間の攘夷思想に基づく武力衝突事件。

伊東祐亨《いとうゆうこう》

海軍中将（元帥）
一八四三―一九一四
享年七〇歳

「謹んで丁提監閣下に一書を呈する。時局の移り変わりは、不幸にも僕と閣下をして、互いに敵たらしめるに至った。しかしながら、令次の戦争は国と国との戦争であり、一人と一人の反目ではない。だから僕と閣下との友情に至っては、依然として昔日《せきじつ》の温かみを保っているものと信ずる」

敵将への友情ある説得

この言葉は、日清戦争の清国海軍提督――丁汝昌（一八三六―一八九五）に対しての、連合艦隊司令長官伊東祐亨の降服勧告であった。言葉はこの後、次のように続く。「それ故に閣下は、この書をもって単に降伏を促す性質のものとなさず、それを信じて読んで下さることを切望する。（中略）降伏することなど些細な事として拘るに足らないことである。ここにおいて僕は日本武士の名誉心に誓い、閣下に向かって暫く我が国に遊び、他日、貴国中興の機運が、閣下の勤労を必要とする時節が到来するのを、待たれてはどうか。（後略）」

「友情ある説得」と言うべきであろうか――。

けれど丁提督は日本海軍に対しての一方的敗北を恥じ、降服後に自決して終わった。伊東中将の懸命の説得は、全く結実せずに最悪の結末を迎えたのである。

陸海軍を問わず清国の軍人は、陸軍の葉志超や聶士成に代表される弱将が多かった。けれど平壌で戦死した左実貴将軍、そして海軍のこの丁提督は、それこそ例外的な存在と言ってよかった。

欧米諸国の多くは日清戦争の直前まで、日本が清国に勝てるわけがない、と厳しい予測をしていた。清国を「眠れる獅子」と買いかぶっていたのだ。ところがいったん戦端が開かれるや連戦連敗の有様で、「眠れる豚」であることが明らかになってしまった。

そのあたりは伊東中将も、「貴国陸海軍の連戦連敗」と中略部分にはっきり触れ、そうした理由は百も承知されているだろう、と指摘している。だから丁提督が自決したことは、もう清国は救いようがないと考えたに他ならないのである。

清国海軍の近代化を志す一人として、彼は北洋水師を創設し統領となったが、更に近代化を進めた艦隊があっさり日本海軍に敗北、失敗した果てに死を選んだに他ならない。伊東中将が落胆したのは言うまでもなかった。

北洋水師
一八八八年に編成された清の艦隊のこと。北洋艦隊。日清戦争において壊滅した。

伊東祐亨は薩摩藩士の四男に生まれ、藩の開成所、兵庫海軍塾、江川塾などに学び、薩英戦争に従軍した。慶応四（一八六八）年より「翔鳳丸」の砲兵となり、戊辰戦争でも戦っている。

明治四（一八七一）年二月に海軍大尉として任官し〈春日〉の副長に就任する。一年後には同艦の艦長に昇格、少し遅れて少佐となった。以後も順調に幾つかの艦長として勤務、九年四月に中佐、一五年六月に大佐へと栄進したのである。

一年二ヶ月にわたる〈浪速〉のイギリスへの回航は、途中で少将への昇進があった。その後は海軍省第一局長、あるいは海軍大学校長という職に就き、二五年一二月に中将、横須賀鎮守府長官になった。

日清戦争が勃発した明治二七(一八九四)年七月に、連合艦隊司令長官に就任、常備艦隊長官を兼務する。彼の率いる連合艦隊は、宣戦布告に先立つ七月二五日に、双方の海軍が朝鮮の豊島沖で戦った。日本側は敵艦の〈済速〉と〈広乙〉を撃沈しているが、このとき東郷平八郎は〈浪速〉艦長として、イギリス船籍の輸送船〈高陞《カオション》〉号を撃沈し、緒戦を飾ったのである。

更に九月一七日には黄海海戦にも勝ち、一方的な海上での戦いを展開した。清国海軍は残存艦隊が山東半島の威海衛を攻め、この時点で海軍の戦いは終わった。のち三一年九月に大将に進級、三九年一月には元帥府に列せられた。

乃木希典《のぎまれすけ》

【陸軍大将（元帥）
一八四九―一九一二
享年六二歳】

「多勢の忠良な陛下の赤子を失った罪を死で償いたし」

死傷6万人に対する自責の念

この言葉は、第3軍司令官として戦った日露戦争において、死傷六万の大損害を被ったことに対する、宮中での明治天皇に対しての謝罪の発言であった。これは各軍司令官の報告の言葉として、極めて異彩を放っていた。

乃木大将は実際のところ、旅順を攻める第3軍司令官として適任かとなると、多くの者が疑問に思った。その経歴から拾っただけですら、明治二五

（一八九二）年に一〇ヶ月、三一年二月に八ヶ月、三四年五月に二年九ヶ月という休職期間があった。とりわけ最後の長期の休職は、栃木県那須において農業に従事しており、退役したに等しかったのである。

ところが日露戦争が勃発すると、第1軍が薩摩の黒木為楨《ためもと》大将、第2軍が小倉の奥保鞏《やすかた》大将、第4軍がこれまた薩摩の野津道貫《みちつら》大将にと決まり、長州から一人も出ていなかった。このために山縣有朋元帥からは当然、ここに長州出身者をという要望が出た。

中将クラスから長州出身の人材を探してみると、義和団事件で第5師団を率いた山口素臣《もとおみ》中将は、病身でこの年の三月に大将となるが八月に逝去している。岡沢精《くわし》中将は六月に大将へと昇進するが、侍従武官長で動かせなかった。同じく六月に大将へ進んだ長谷川好道中将は、第1軍の近衛師団長で遼陽目指して進撃している。大島義昌中将は第2軍の第3師団長で、これまた遼陽攻撃の中核となるはずであった。

つまり三七年二月に留守近衛師団長として復職していた、乃木中将以外長

野津道貫
天保一二年－明治四一年。鹿児島県出身の陸軍軍人、貴族院議員。最終階級は元帥。

義和団事件
明治三三（一九〇〇）年、清帝国北部で起きた民衆の抗議行動とそれに乗じた戦争。当初は義和団を称する秘密結社による排外運動であったが、西太后がこの反乱を支持し清国が欧米列国に宣戦布告したため、国家間戦争となった。

州の人材――山縣の手持ちの札はなかったのである。そこで彼が旅団長として旅順を一日で抜いた、という点を唯一の拠りどころとして、最も困難な役割を与えられたのだ。

一時代前の戦術家の乃木大将に、満洲軍総司令部は半信半疑だったと思われる。古くは西南戦争での田原坂における、小倉歩兵第14連隊旗喪失問題もあった。あるいは東京の歩兵第1連隊長時代、対抗演習で児玉源太郎中佐の佐倉歩兵第2連隊に惨敗、という軍下手《いくさ》でも知られた。

そこにきて参謀長の伊地知幸助少将が、日露戦争の三大愚「参謀長」だったからたまらない。単調な支掩砲撃に次ぐ歩兵の突撃、そして総攻撃は一九日か二六日とのパターンを繰りかえし、六万もの死傷者を生じせしめたのである。

乃木希典は江戸生まれで、長府藩士の長男であった。玉木塾から藩校明倫館に学び、慶応二（一八六六）年に騎兵隊へ加わり、第二次長州征伐の際に

玉木塾
乃木家と代々交流のあった玉木文之進が作った私塾。文之進の甥にあたる吉田松陰が学び、のちに自ら講義した。松下村塾のこと。

小倉で負傷している。のち明治四年に上京し、東京鎮台の少佐に任官した。

明治七年九月に山縣有朋陸軍卿の伝令使となり、八年一二月に歩兵第14連隊長心得で西南戦争を迎えた。一〇年二月二二日に軍旗を喪失、五日後に戦傷を負い、四月にもまた戦傷が記録されている。このとき中佐へ進級、一一年一月に歩兵第1連隊長に栄転した。

大佐に昇進したのは一三年四月で、一八年五月に少将へと進級、歩兵第11旅団長となった。そして二〇年一月にドイツ留学へ出発、一年半にわたり彼地において過ごす。休職から戻って明治二五（一八九二）年一二月に歩兵第1旅団長となると、日清戦争に出征して旅順を突撃一番、たった一日で陥落させた。二八年四月に中将へと昇進、仙台の第2師団長となり、台湾へ出征、のち台湾総督に就任する。

日露戦争は三七年五月に第3軍司令官を拝命、翌月に大将へと進む。けれど旅順での拙《つたな》い指揮ぶりに、東京赤坂の自宅は頻繁に投石された。やがて明治天皇が崩御され、大葬終了後に自宅において、妻静子とともに自刃した。

橘《たちばな》周太《しゅうた》

【陸軍少佐（中佐）
一八六五―一九〇四
享年三八歳】

「俺に続け！」

夜陰に乗じ敵陣に突入し壮絶な戦死

「遼陽は満洲の天玄（囲碁の中心の一点）に当たる」と言ったのは、満洲軍の主任作戦参謀――松川敏胤《としたね》大佐であった。その彼の言葉は間違っていない。ここを手中に収めれば大きくそれ以後の展開が拓け、戦略的にも要衝だからである。

しかしながらその攻略に向かう奥保鞏《やすかた》大将の第2軍が、とんでもない計算

松川敏胤
安政六年―昭和三年。宮城県出身の陸軍軍人。軍事参議官・朝鮮軍司令官・東京衛戍総督や第10・第16師団長などを歴任。最終階級は陸軍大将。

違いをやってのけてしまった。それは秋山好古《よしふる》少将の第1騎兵旅団の偵察報告を軽視し、囮《おとり》陣地の鞍山站を主陣地だと誤認したからだ。

ロシア軍はここに日本軍主力を誘いこみ、抜き差しならぬ状態にさせておいて、首山堡で撃滅するという戦術で臨んでいた。そこへまさにはまりこんだのだから、第2軍はたちまち大苦戦に陥った。

名古屋第3師団——その静岡歩兵第34連隊は、関谷銘次郎中佐が率いて首山を正面から攻撃した。先鋒の第1大隊は橘周太少佐の指揮で、堅固なロシア軍陣地に殺到、小高い丘に築かれた主陣地にと迫る。

攻撃が進捗しないのに業を煮やした橘少佐は、このとき冒頭の言葉を発して先頭に立ち、白刃を揮って夜陰に乗じ敵陣へ突入したのであった。大隊は死傷者が続出したものの、敵の第一、第二散兵壕を奪取してゆく。けれど後続はなくそれ以上の進撃は不可能となった。

橘少佐も数発被弾して、ついに身動きがとれなくなり、

「天皇陛下と国民にお詫び——」

と、そこまで言いかけて絶命した。

連隊長の関谷大佐もまた、後続部隊を率いて敵陣に突入したものの、敵弾を受けて重傷を負ってしまう。彼は連隊旗を隣の津第33連隊に托すと、自ら先頭に立ち戦死を遂げた。

遼陽正面の戦闘は、どう見ても負け戦の展開になった。もしロシア軍がこの段階で総攻撃を仕掛けていたら、奥第2軍は総崩れになる危険性が生じていたのである。

このとき日本軍の右翼——黒木為楨《ためもと》大将の第1軍が動き、太子河で敵前渡河に成功、遼陽を東から脅かした。アレクセイ・クロパトキン大将は何を血迷ったか、瀕死の奥軍を放っておいて主力を左翼に転じ、すべてを中途半端で終わらせたのだった。敵将の戦場での右往左往に、第2軍は辛うじて救われたことになるが、秋山少将からの報告を一瞥《いちべつ》もせず握り潰し、苦戦を招いた第2軍参謀長——落合豊三郎少将の判断ミスは責められてよい。彼は秋山少将と陸士同期であった。もしきちんとした偵察後に行動を開始していたら、

アレクセイ・クロパトキン
帝政ロシアの軍人で陸軍大臣。日露戦争時のロシア満洲軍総司令官。奉天会戦で敗北後に罷免され第1軍司令官に降格。

橘少佐もこの地で戦死しなかった可能性が大と言えよう。

橘周太は長崎の出身で、庄屋だった豪農の二男に生まれた。二松学舎から陸軍幼年学校に進み、明治二〇（一八八七）年に陸軍士官学校を卒業、少尉に任官している。二四年から東宮（のちの大正天皇）武官となり、その間に中尉、更に大尉と進級した。このため日清戦争に出征していない。

明治三五（一九〇二）年に少佐となり、日露戦争では第2軍管理部長として出征するが、第一線の指揮官を志願したのである。そして戦死により中佐へと累進し、海軍の広瀬武夫少佐と並ぶ陸軍の軍神とされた。二人はともに軍歌――〈橘中佐〉と〈広瀬中佐〉になり、広く国民のあいだに愛唱され親しまれた。私も親や祖父から教えてもらって、どちらも歌ったことがある。

橘中佐は故郷――長崎県に橘神社が建立され、また出生地の近く島原半島西側湾が「橘湾」と命名された。これは現在の地図にも残っているから、直ぐに見出すことができる。

橘神社
長崎県雲仙市千々石町にある神社。遼陽の戦いで戦歿した橘周太陸軍中佐が祀られている。

福島泰蔵《ふくしまたいぞう》

「余は、軍人を天職としている者。戦に出かけるのは当たり前のこと。見送り等は一切断わる」

【陸軍大尉（少佐）
一八六六―一九〇五
享年三八歳】

名将・立見尚文に乞われ日露戦争に参戦し戦死

福島泰蔵大尉の名が広く知れ渡ったのは、弘前第8師団において冬期の行軍や野営について、研究論文を次々と発表したことによる。その出来栄えは素晴しく、中央においても高く評価された。とりわけ明治三五（一九〇二）年の十和田湖から八甲田山にかけての一二日間の行軍は、青森歩兵第5連隊の二〇〇人近い死者を出す行軍と同時だったことで、大きく明暗を分けたのであった。

この冒頭の言葉は、日清戦争に出征するに際し、父親などに申し合わせたものだ。そのため彼の出発に当たり、また復員のときにも親類縁者は一人として姿を見せなかった。

のち日露戦争の出征のときは、結婚してまだ二年ほどの妻と幼い娘がいたが、このときは高崎から父が山形を訪れ、戦死した場合の取決めをすべて終わらせた。それに際しても彼の口から一言、そうした言葉があったはずと思われる。

福島大尉はときおり思いがけないことにこだわりを見せた。軍刀としてどうしても國安の銘刀が欲しくなり、父に無心し買ってもらったのである。これは幡随院長兵衛が差していた代物で、彼の父は田を一枚売って工面したのだ。実家は利根川の廻船運送業で、明治以前は大いに繁盛していた。このため地元では大地主として知られ、こうした経済的余裕があった。だから彼が学問好きで書籍を購入する場合にも、無心を繰りかえしていたらしい。弘前

幡随院長兵衛
江戸時代の町人で町奴の頭領。日本の侠客の元祖と言われている。歌舞伎や講談などの題材になった。本名は塚本伊太郎。

歩兵第31連隊当時、それをやってもらえない下級将校たちのために、偕行社内での図書館開設という発想になったと思われる。

また福島大尉の素晴しい点は、学がなかったり貧しい家の出身の兵を対象とし、内務班で学問を教える方針を決めたことだろう。上等兵や下士官になると、中隊付士官に軍事学を教えさせた。内務班が新兵いじめの場となった昭和の兵営に較べて、いかに建設的だったかよく理解できると思う。

これによって上官が戦死、あるいは重傷を負って人事不省に陥っても、直ぐ下級の者が代って指揮を執る、ということを可能にしたのである。既に激戦を想定していたのだ。このあたりの着眼点は卓越したものがあった。

明治三六年に入り第4旅団付としての福島大尉は、下士官兵に対する指導要領を定めた。とりわけ学問については、読書、作文、地理、歴史、算術までに至り、かなり高度のものだった。

福島泰蔵は群馬県の裕福な家の長男として生まれたが、一念発起し軍人

――士官になると言い出した。下士官養成の教導団から士官候補生という経路があったからだ。父もこれを諒承し、士官になるまでは帰省するな、と厳しく命じたのである。

明治二一（一八八八）年一一月に士官候補生、二二年一一月に陸軍士官学校入学、そして二四年七月に陸士を卒業、二五年三月に少尉として郷里高崎の歩兵第15連隊に赴任した。親たちとの約束より一年早かった。

日清戦争が勃発すると二七年九月に出征、乃木希典《まれすけ》少将の率いる旅団に加わり、旅順をたった一日で抜いてしまった。このあいだに中尉に昇進を遂げる。二九年三月から台湾守備歩兵第1連隊付となり、総督府参謀長の立見尚文少将と面識ができた。

弘前に第8師団が創設されると、師団長となった立見中将に乞われ、大尉として弘前歩兵第31連隊中隊長に任命された。第4旅団副官を経て山形歩兵第32連隊中隊長となり、三七年一〇月に出征、翌年一月黒溝台で戦死、少佐にと進級した。

阿南惟幾《あなみこれちか》

陸軍大将
一八八七―一九四五
享年五八歳

一死ヲ以テ大罪ヲ謝シ奉ル
昭和二十年八月一四日夜
陸軍大臣　阿南惟幾（花押）
神州不滅ヲ確信シツツ

終戦をまとめた大功労者の最期

この言葉は、阿南惟幾陸軍大将、陸軍大臣が、降服決意の御前会議に出席後、八月一四日の夜にしたためたものである。その後に自宅の廊下へ出ると端座し、介錯なしで割腹して果てた。このとき遺書には血が飛び散り、辞世は血溜りとなって文字が滲んでしまった。

最後の御前会議に出席した阿南大将は、前列中央やや右寄りに坐り、ポツ

ダム宣言の内容を再照会するよう強く主張した。しかしながら時間も迫り、やがて昭和天皇が、

「……この際、私としてなすべきことがあれば何でも厭《いと》わない。国民に呼びかけることがよければ、私はいつでもマイクの前にも立つ。一般国民には今まで何も知らせずにいたのであるから、突然この決定を聞く場合、動揺もはなはだしかろう。陸海軍将兵には更に動揺も大きいであろう……」

と、御前会議を締括る発言をされた。

それによって阿南大将の「ポツダム宣言再照会」はなくなり、日本の降服が決定したのであった。

阿南大将には男ばかり五人の子があり、二男は陸軍中尉で戦死を遂げた。長男もまた陸軍士官学校を卒業し軍人になり、戦後は防衛大学校教授に就任、これまた父の遺志を活かした。三男は実業界に進み、新日鉄副社長と成功している。四男は講談社の娘婿となり、社長の地位に就いたものの、若くして亡くなった。しかしながら問題なのは五男である。

ポツダム宣言
第二次世界大戦に関して、アメリカ、中国、イギリスの首脳が、昭和二〇(一九四五)年七月二六日に日本に対して発した「全日本軍の無条件降伏」などを求めた全13か条から成る宣言。八月一四日、日本政府は宣言の受諾を通告し、九月二日、降伏文書(休戦協定)に調印した。

この人物は外交畑に入り、中国関係のスペシャリストとなった。そしてチャイナ・スクール――すなわち中国留学で中国政府の面倒を見てもらっているうちに、相手方に魂を抜かれてしまったのだ。どちらの国の外交官か判然としない発言を繰りかえし、大使に昇格後はそれが際立ったのであった。

そうした一連の売国的言動を、阿南大将が知ったらどう思うだろうか。彼の薫陶を受けることなく育った人物の脱線は、偉大な軍人の息子だけに残念だと言えよう。阿南大将の妻は竹下平作陸軍中将の二女で、これまた厳格な家庭に育っている。この人は日露戦争の際、小倉第14連隊長だった。だから何処でどう間違ったのだろうか――。

阿南惟幾は内務省官吏の息子として東京に生まれた。徳島中学から広島幼年学校を経て、日露戦争が終わった明治三八（一九〇五）年一一月に陸軍士官学校を卒業した。そして翌年六月に少尉に任官、東京の歩兵第1連隊に配属された。

中尉には四一年一二月に昇進し、四三年一一月に中央幼年学校生徒監となり、歩兵第1連隊付を経て、大正四（一九一五）年に陸軍大学校へ入学している。在学中に大尉に進級、七年一一月に陸大を卒業した。そのまま歩兵第1連隊中隊長に任命されたが、三ヶ月で参謀本部にと呼ばれ、一一年に少佐へ進み参謀畑を歩く。

翌一二年八月にシベリア出兵の派遣軍参謀という困難な職務を経験したのである。一四年八月に中佐となり、参謀本部付のまま昭和二（一九二七）年から三年にかけてはフランス長期出張を命じられている。このあいだに鹿児島の歩兵第45連隊付にと所属が変更、帰国後にその留守隊長に就任。

昭和五年八月に大佐へ進級すると、近衛歩兵第2連隊長、東京幼年学校長を歴任、一〇年三月に少将へと栄進した。一三年一一月にはのちの栗林忠道中将と硫黄島に赴く、あの第１０９師団長に中将として就任。一四年一〇月に陸軍次官、一八年五月に大将へと昇進し、航空総監を経て二〇年四月に陸相となったのである。

阿南大将の辞世
「大君の　深き恵に浴みし身は　言ひ遺こすへき片言もなし」

南雲忠一《なぐもちゅういち》

【海軍中将　一八八七―一九四四　享年五七歳】

「我死して太平洋の防波堤とならん」

ハワイ、ミッドウェーの果てに……

この言葉は、南雲忠一海軍中将が左遷されたサイパン島で、アメリカ軍の攻撃を受けた直後、発したものとして知られる。艦隊長官とは名ばかりで、麾下に軍艦はなく、ハワイとミッドウェーで犯した、二度にわたる判断ミスのツケを支払ったのである。

開戦劈頭の真珠湾攻撃において、南雲中将第1航空艦隊長官として攻撃の指揮を執っている。ところが彼は第一次と第二次攻撃の戦果で満足してしまい、作戦参謀の源田実海軍中佐らの進言を却下、第三次攻撃を実施せず帰り仕度に入った。ところがハワイの真珠湾周辺には、まだ全く攻撃されていない軍事目標が多く存在した。数多くの燃料タンクなどその典型で、これらが殆ど無傷で残ってしまったことで、後刻軍艦の燃料として使用されている。もしすべて爆撃されていたとしたら、ハワイはアメリカ海軍の中継基地たりえなかったのだ。

これはまだ奇襲に成功したから、判断ミスが目立つことなく終わった。けれどそれから半年後のミッドウェー海戦は、攻撃機に陸上基地攻撃用の爆弾を装着するか、艦船攻撃用の魚雷にするか、二転三転して最後まで司令官が迷い、発進しないうちに敵の爆撃を受けるという最悪の事態を招く。

こうした場合に少し気が利く司令官なら、時間切れと同時に爆装した半分を発進させてしまい、残る半分、ケースによっては三分の一だけ雷装させる、という臨機応変の決断を下せたであろう。何も攻撃機すべてをあのとき雷装

ミッドウェー海戦
第二次世界大戦中、ミッドウェー島をめぐって昭和一七（一九四二）年六月五日から七日にかけて行われた海戦。同島の攻略を目指す日本海軍をアメリカ海軍が迎え撃ち始まった。空母機動部隊同士の航空戦の結果、日本海軍が敗退。日本海軍は航空母艦四隻とその艦載機を一挙に喪失する損害を被り、戦争における主導権を失った。

に転換することはなかった、と言える。私が南雲中将の立場なら、そのようにしていた。

大体がこのミッドウェー作戦自体、それに先立つ五〇日ほど前の東京初空襲に影響され、万全の準備どころか付焼刃のような雑な作戦計画だった。通常必ず実施される図上演習もなく、ただ思いつきでアメリカの要衝へ報復攻撃をかけたのである。つまり前代未聞の作戦と言えよう。

何故このような人物が第1航空艦隊司令官という要職に在ったか。それは山形出身だが「南雲」という姓は元来、新潟の特有の姓であって上杉景勝が米沢に転封されたとき、従った家来の末裔だったことによる。つまり連合艦隊司令長官の山本五十六大将とは、元をたどれば同じ越後の人間ということで、目をかけられたと推測されるのだ。かくして南雲中将は器以上の要職――第1航空艦隊司令官に、一番就いて欲しくない時期に在職してしまった。だから「防波堤」どころではなかった。

南雲忠一は米沢藩下士の二男として生まれ、米沢中学から海軍兵学校に進み、明治四一（一九〇八）年に卒業している。四三年一月に少尉となり、四四年一二月にはもう中尉に進級した。大正二（一九一三）年一二月に海軍大学校乙へ入り、次いで水雷校において学ぶ。

大正三年一二月に大尉へと昇進し、第4戦隊参謀に就任した。七年から九年までの二年間は海大甲で学び、卒業後少佐へ進級する。そして一一年一二月には、軍令部第1班第1課の参謀という、エリート・コースに乗っている。

中佐には一三年一二月に昇進、欧米視察や〈嵯峨〉や〈宇治〉の艦長を歴任したのち、海大教官を命ぜられた。昭和四（一九二九）年に大佐へ累進すると、〈那珂〉艦長や駆逐隊司令ののち、軍令部第1班第2課長という要職に就く。更には〈高雄〉と〈山城〉の艦長でもあった。一〇年に少将、一四年に中将と順調に昇進した。そして一六年四月のこと、運命の第1航空艦隊長官の地位を得て、日本海軍を破滅にと向かわせたのだ。最後はサイパン島において、陸軍司令官らと並び挙銃自殺を遂げたのである。

山口多聞《やまぐちたもん》

【海軍中将
一八九二―一九四二
享年四九歳】

「武人は早く死ぬ。死に遅れると生き恥をさらす」

「生死いずれか迷えるときは潔く死ね」

山口多聞は父が旧松江藩士で日本銀行理事だった。兄は三菱銀行の理事という、銀行畑の一家と言えた。

東京生まれの彼は開成中学から、明治四二（一九〇九）年に海軍兵学校に入学、三年後に卒業すると、大正二年に少尉に任官した。

七年から地中海において第一次世界大戦に参戦、翌年には半年かけドイツの潜水艦を日本まで回航、という珍しい経験をしている。

大正一〇年三月から二年二ヶ月にわたり、アメリカでプリンストン大学に留学し、語学に磨きをかけると同時に視野を拡げた。そして帰国後に結婚している。けれどこの妻は九年後に死別してしまった。

この時代の彼は潜水艦の専門家と見られ、一二年には潜水艦学校の教官となり、一五年に第1潜水戦隊の参謀などを歴任していた。これらのあいだには海軍大学校でも二年にわたり学んだ。

昭和二(一九二七)年からは軍令部の参謀となり、翌年には中佐に昇進して、四年から五年にかけてワシントンやロンドンに出張を重ねた。

それからも連合艦隊の参謀、海軍大学校の教官といった、陽の当たる道を歩き続ける。八年には再婚しており、翌九年から二年半にわたりアメリカ大使館付武官として赴任したのである。このとき大佐だった。

帰国後は〈五十鈴〉や〈伊勢〉の艦長となり、一三年に少将昇進を果たすと、直ぐに第5艦隊参謀長となった。そして二年後の一五年一一月に、第2

航空戦隊司令官に任命されたのであった。

冒頭の言葉は武人としてそうあるべきと、山口多聞少将が覚悟していた言葉だろう。いったん戦争が始まれば軍人は戦場に向うから、当然死の危険が大きくなる。そこにおいて戦死せず下手に生残ると、恥の多い人生を過ごさねばならない。「それだけはご免である」との意思表示と考えてよい。

実際にミッドウェー海戦の敗因となった南雲忠一中将は、このとき死に損って生き恥を晒《さら》してしまい、最後にはサイパン島で陸上勤務のさなかアメリカ軍の上陸を迎えた。山口の言葉どおりとなったのである。

山口少将の死生観を物語る言葉としては、「生死いずれか迷えるときは潔く死ね」、というものが見られる。これらの二つの言葉が見事に一致してくるのだ。

私は昭和四〇年代初頭から社会人になったが、この頃まだ多くの旧軍人たちが組織の上層から中層にかけ、幹部として働いていた。もちろん立派な人も少なくなかった反面、軍人一家に育ちながら戦時中から卑劣な行動を繰りかえす者も多く見出せた。親族からどの方面が危険だという情報を得ると、別の親族に頼んで安全な地域に異動してもらう、という手口を用いていたのだった。つまり彼らは「戦死の危険大ならそこから逃げ出せ」ということであった。それに較べたら山口少将の言葉はいかに潔いことか！

ミッドウェー海戦での山口少将は、空母〈飛龍〉に坐乗して指揮を執り、敗色濃いなか反撃に転じた。そして急降下爆撃機の爆弾三発、雷撃機が魚雷二発を命中させ、空母〈ヨークタウン〉を航行不能に陥れた。これは後刻、潜水艦により止めを刺されている。

〈飛龍〉もまた四発の爆弾を喰い、味方駆逐艦の魚雷で自沈した。山口少将は艦長と一緒に艦橋に上がり、ロープで身体を固定すると、「今夜は月でも眺めるか」と言って〈飛龍〉と運命をともにしたのであった。

佐伯静夫《さえきしずお》

【陸軍中佐（大佐）
一八九四ー一九八〇
享年八六歳】

「突進に当たり一車が止まれば一車を捨て、二車が止まれば二車を捨て、友軍であろうが乗り越え踏み越え、突進できなくなるまで、ただ突進せよ」

騎兵指揮官による、まさに追撃戦の真髄

この言葉は、昭和一六年（一九四一）年からの、マレー・ニューギニア作戦において、佐伯静夫中佐の発したものである。ただひたすら進撃せよとの、騎兵指揮官らしい躍動感溢れる言葉と言える。私はこの言葉が好きで、世界各国の武人たちの名言を集めた『戦場の名言録』（ＰＨＰ文庫）にも収録している。まさに追撃戦の真髄がここにあるのだ。

ジャングルや山岳部での戦闘は、細い一本の道路を巡って戦われる。一台の車輛が故障したら、それを崖下に突き落とし、あるいは路肩に押しやり、そうして一筋の道を拓く。ときに樹上の狙撃兵がいたり、あるいは逃げ遅れた敵兵が小集団をつくり、思いがけない反撃に転じてくることもある。それに警戒ばかりしていると進撃できないから、運を頼りに突っ走るのだ。

マレー半島の戦いでは、イギリス軍の最も恐れていたのが、ジャングルを通って進んでくる日本軍であった。道路だけを固めての守備は、そうして浸透してくる日本軍の前に、ひとたまりもなく突破されると危惧し、薄く長い防衛線を布いていった。ところが日本軍はただひたすら道路を突進してきた。イギリス軍将兵が、日本兵はジャングル人種でないと気づいたとき、マレー半島での戦闘の大勢は決していたのだった。

進攻作戦を実施する場合、その指揮官の人選は難しい。まず考えこむ人間は絶対に不適格である。そこへくると騎兵——それにのちの戦車といった兵種の人間は、文句なしに適格と言える。

佐伯静夫は広島の出身である。日清戦争が勃発する少し前に生まれ、日彰館中学を卒業後、大正二（一九一三）年に士官候補生となった。

大正五年に陸軍士官学校を卒業すると、この年の末に騎兵少尉に任官している。満蒙の地で一番活躍できるのは騎兵だと、大きな希望を抱いてこの兵種を選んだのだろう。一四年に騎兵大尉に昇進すると、昭和三（一九二八）年に騎兵学校教官に任命された。その後も陸軍大学校の馬術教官、更に騎兵学校教官を歴任しているから、馬術の腕前が高い評価を受けていたのだろう。

昭和一四年に騎兵中佐となった彼は、二年後の一〇月に「捜索第5連隊長」という地位に就く。マレー・ニューギニア作戦の準備のためであった。南方での作戦展開のため、参謀本部では辻政信中佐が中心となり、『これだけ読めば勝てる』という小冊子を作成、現地へ進撃した場合の注意を促していた。

辻中佐は作戦計画も全般にわたり立案しており、佐伯中佐もそれに従って戦闘に入ることとなる。かくして昭和一六（一九四一）年の開戦を迎えたのだ。

佐伯中佐の捜索第5連隊は、広島第5師団の麾下にあり、タイ領から久留米第18師団と進撃を開始した。一二月九日のことである。

全体の先頭に立った佐伯中佐は、ただひたすら前進に前進を重ねた。南方特有のスコールが降り始めると、これを勿怪《もっけ》の幸いとばかり雨を突いて総攻撃を加え、敵の防衛線を次々に突破してゆく。

一二月一二日にジットラ・ラインに到達した佐伯挺身隊は、直ぐにこれを攻撃したところ、後続部隊もこの機を逃すことなく総攻撃に参加、イギリス軍の戦線を崩壊させた。かくしてマレー半島は日本軍の手中に入った。

昭和一七年八月に佐伯は大佐に昇進するものの、以後の目覚しい活躍はなかった。二〇年四月に独立戦車第2旅団長となるが、ついに将軍への昇格はなく終わった。

ジットラ・ライン
マレー半島北部、タイ国境近くにあるアロールスターなどの飛行場群を守るために築かれた要塞地帯。イギリス軍はここで日本軍を三ヶ月は足止めできるとしたが、実際はわずか一日で突破された。

金光恵次郎《かねみつけいじろう》

陸軍少佐（大佐）（一八九六―一九四四）享年四八歳

「五体満足な者はもう一人もおらぬのか！」

ひたすら戦い続け一二〇〇人が玉砕

この言葉は伝聞である。しかしながら拉孟《ラモン》を守備する一二〇〇人の将兵が全滅したことを考えると、そうした言葉が指揮官から発せられたであろうと、容易に推測できるのだ。

ビルマ北東部で中国の雲南省に入ると、湄公河（メコン河）と二〇キロメートルほど隔て並行して流れる、怒江《ヌジャン》という急流が北から南へと下っている。

これはビルマ領内に入ると、「サルウィン河」と呼ばれた。

援蔣《えんしょう》ルートを断つべく北上、雲南に入った日本軍であったが、怒江のところで国民政府軍——雲南遠征隊一〇万と激突した。総兵力が一個師団——二個連隊の日本軍は太刀打ちできず、とりわけ垃孟の金光大隊は敵中に孤立してしまう。昭和一九（一九四四）年五月中旬のことである。

金光少佐はクルミ状の地形に築いた陣地に布陣、包囲するアメリカ式装備の国民政府軍一個師団と、一〇〇日間にわたる戦いを始めた。六月初旬に開始された戦闘は、一ヶ月にわたる大激戦となり、日本軍が陣地を確保し続けた。しかしながら少佐の一二〇〇人の将兵たちは、既に四分の一にと減っていた。数次にわたる総攻撃が撃退された攻める側は、二〇〇〇や三〇〇〇の損害ではなかった。

補給が思うに任せぬ日本軍は、乾パン一袋が一人の二日分の食糧という有様で、弾薬も尽きかけようとしていた。まともな補給は八月にただ一度、手榴弾と弾薬を若干、投下していっただけに終わる。それによって金光大隊は

援蔣ルート
日中戦争から太平洋戦争にかけて、イギリス・アメリカ・ソ連などが蔣介石率いる中国の国民政府軍を援助するために物資を輸送したルート。

国民政府
一九二五年以降、中国国民党が樹立した政府。国民政府という呼び名は、政府のあった場所の地名を冠して使われることが多く、主として広東国民政府、武漢国民政府、南京国民政府などがあった。

総攻撃に移り、九月七日に玉砕を遂げたのであった。

横溝正史の『犬上家の一族』は、犬上家の跡取息子の佐清《すけきよ》がこの拉孟での生残りで、顔面に大火傷を負ったこの設定だった。もしあの戦場からの生存者がいたなら、そんな状態で人事不詳となり捕虜となったケースしか、とても考えられない激戦と言えた。

私が一九七〇年代後半、台湾の台北郊外——陽明山の国民政府軍総司令官——何應欽上将の屋敷を訪れたときのことである。将軍は突然思い出したように、「拉孟の日本軍は強かった」と、感嘆の声を洩らしたのだ。戦いから三五年を経過しても、まだ当時の敵将の記憶に残るほど、その戦いぶりは鮮烈だったのであろう。

金光恵次郎少佐は、岡山県和気郡の出身であった。何故私がそこまで知っているかといえば、私の母方の祖母はこの土地の出身で、ずっと親戚関係が続いていたからにほかならない。

金光家は農業で、高等小学校を卒業し、大正五（一九一六）年に応召、努力して一〇年後に陸軍士官学校へ入学を果たした。そして昭和三年に砲兵少尉に任官したから、三三歳の将校が誕生したことになる。こうして文章にすると簡単なようだが、高等小学校しか出ていない者が、陸軍士官学校の試験に合格することは、まず考えられないと言っても過言でない。大場栄大尉の場合は教員試験に合格していたから、金光の場合とは全く条件が違ってくる。

昭和一六（一九四一）年に砲兵少佐となった金光は、二年後に野砲第56連隊の大隊長として、ビルマ北部での作戦に従軍した。このとき進撃した部隊の最前線——拉孟陣地の確保が命じられ、要衝を守備しているうちに敵の真直中に取残されたわけである。

味方の救援どころか補給すら覚束ないなかで、最終段階では五体満足な者がいない状況下において、ひたすら戦い続けた少佐以下の精神力を讃えたい。金光は二階級特進の大佐となり、ようやく同年代の将校たちに追いついたのだ。また個人感状を受けるという名誉にも浴した。

中根兼次《なかねけんじ》

【陸軍中佐
一九〇一―一九四五
享年四四歳】

「何処で戦おうといずれ最後の戦闘を迎えます。硫黄島でなくとも」

歩兵戦闘の神様の達観

この言葉は、中根兼次中佐が硫黄島の戦闘のさなか、栗林忠道兵団長から声をかけられ、それに応じたものであった。自分が呼び寄せた「歩兵戦闘の神様」に対し、死地へ道連れにしつつあることへの、栗林忠将の詫びの言葉の返答と考えてよい。

中根中佐は昭和一九（一九四四）年八月頃、硫黄島に陸軍の爆撃機で着任した。それからの彼は地下陣地を視察し、精力的に戦術の指導を行なった。流石《さすが》に歩兵戦闘の神様と言われているだけに、その教え方は誰をも納得させた。彼の素晴しい点は、下級の兵士たちにも積極的に声をかけ、労を惜しまず戦闘の真髄を伝授していったことである。応召した兵たちの資質は、この頃になると乙種以下ばかりだったが、体力的に劣る彼らにも指導の努力を惜しまなかった。

私は硫黄島生残りの衛生兵——今川基宜氏の『硫黄島の回想』（私家本）に協力したことがあるが、ここで中根中佐の人となりが鮮やかに描写されていた。一衛生兵の今川上等兵にまで、「弾着を確認できたら、弾道の下へ下へと入れ」とか、「飛行機から銃撃を受けた場合、付近に遮蔽物がなかったら、道路と草原の境目に伏せろ」といった、実に適切な指示をしていたのであった。

また次のように今川氏は書いている。「中根参謀は親切だった。勇気もあった。その頃、参謀は南地区前線視察に出られた。また再び兵団に戻れるかど

乙種
徴兵検査における判定区分のこと。身体頑健～健康な者を甲種、それ以下に、乙種、丙種、丁種、戊種がある。

うか心配だった。日本刀を背負って出ていった参謀の姿が、今もなお思い出される」とあり、人望のあったことを彷彿とさせているのだ。

中根中佐は地下壕の銃眼を、地上のアメリカ兵が混乱するように、巧みに配置していった。ここと思えばまた別の方角から一弾が飛来する、という仕組にして相互支掩の効果を生じさせようとしたのである。

いかにこれが効果的だったかは、アメリカ軍の戦死傷者の合計が二万八六八六という、莫大な数字に達したことでも判る。日本軍の損害が二万一〇〇〇足らずだから、いかに与えた損害が大きかったか一目瞭然だと言えよう。


中根兼次について資料は殆ど見当たらない。『日本陸海軍総合辞典』(東京大学出版会)にも、彼の名は見出せないのである。

陸軍士官学校第35期という点から、辻政信中佐より一期上だと判る。そこで明治三四(一九〇一)年生まれだと推測された。

中根姓は私の出身地——愛知県三河地方にしばしば見かける。小学校の先生や同級生にもよくいた。この姓は幾つかの流れのなかで、三河と尾張に一つずつ起源があり、そうした線から調べると中根中佐が豊橋中学を卒業、それから陸士に入学したことが判明した。参謀だったことを考えれば、当然陸軍大学校の専科を卒業しており、またある資料からは歩兵学校で優等賞——恩賜《おんし》の軍刀組ということも明らかになった。

剣道五段の腕前だったらしいが、それ以上に歩兵戦闘の理論家として卓越したものがあり、やがて「歩兵戦闘の神様」と呼ばれ、その呼び名が伝説となってゆく。たしかに硫黄島で示した一連の指導ぶりは、理に叶った素晴らしいものだと言える。

「作戦の神様」と呼ばれた辻政信中佐は、実際のところ「貧乏神様」だったのに較べ、こちらは本当の神様にふさわしい実績を示したのだった。

私生活の中根中佐は、非常に親孝行だと伝えられ、二人のまだ幼い娘さんがいたことが知られる。

友永文市《ともながじょういち》

「いいよ、それで」

【海軍大尉（中佐）
一九一一―一九四二
享年三一歳】

帰還の可能性がゼロのなか平然と出撃

ミッドウェー海戦は、昭和一七（一九四二）年六月五日に戦われたが、日本海軍が十分に準備せず臨んだ戦闘により、決定的に敗北を喫したことで知られる。この年の四月にドゥーリトル中佐のB-25爆撃機による東京初空襲に、軍部中枢が慌てふためいた結果、図上演習すらせずに出撃したのである。

航空母艦が四隻も五隻も出陣する大規模な作戦の場合、少なくとも二度や三度、図上演習をやるのが常識だ。そういった手続きをすべて省いてしまい、あたかも賭博行為でサイコロを振るように、連合艦隊は簡単に出撃していったのだった。

アメリカ側は日本側の攻撃目標が何処か、なかなか掴めないでいた。ところがミッドウェーの海水蒸留装置の具合が悪いとの情報が日本側に入ると、早速〈AF〉でトラブルが発生している、との暗号通信が交された。アメリカ軍はこの頃、既に日本側の暗号解読に成功していたから、その時点で攻撃目標は明らかになった。

六月四日の夜明けに、アメリカの二つの機動部隊はミッドウェー北東に位置し、西方からミッドウェーに接近する日本の南雲忠一中将率いる空母艦隊を待った。日本軍の第一次攻撃隊は、永友丈市大尉の率いる戦闘機三六機と攻撃機七二機で、ミッドウェーの飛行機や施設を攻撃した。アメリカ軍の空母はまだ発見できていない。

艦隊攻撃用の魚雷にするか、施設爆撃の爆弾にするか、南雲中将が迷って

AF
日本軍の暗号に使われたミッドウェーを指す略式符号。

いるとき、アメリカ軍の艦載機が飛来する。これによって後手を踏んだ日本軍は大損害を被り、空母三隻が撃沈されてしまった。

残った〈飛龍〉では永友大尉が、再度の出撃を準備させていたものの、片翼の燃料槽が破損していて片道分しか燃料を積めなかった。97式艦上攻撃機の操縦席でそのことを知った彼は、「いいよ、それで」と冒頭の言葉を洩らした。自爆覚悟の出撃となったのである。

直掩戦闘機六機に護衛され、攻撃機一八機が反撃に出た。後者のうち八機が「ヨークタウン」上空に到達、二五〇キロ爆弾三発を命中させて、航行の自由をかなり喪失せしめた。これは更に雷撃を二発喰って決定的となり、翌六月六日に潜水艦からの魚雷攻撃で沈んだ。

片道分の燃料で出撃した友永大尉は戦死を遂げ、二階級特進で中佐に進級した。私は学生時代に東宝映画で、大尉が登場したのを憶えている。三船敏郎が演じており、そのときの台詞は「いいよ、いいよ」だった。

私は伝聞で知ったのは「いいよ、それで」だがどちらが本当だか知る術もない。ただ確実なのは友永大尉も他の乗員も、帰還の可能性がゼロなのを知りながら、平然と出撃していったことである。

友永丈市は農家の二男に生まれ、地元の大分中学を経て海軍兵学校に進み、昭和六（一九三一）年に卒業し、少尉として〈愛宕〉に乗組んだ。八年に第二五期飛行学生となり、九年に中尉昇進と同時に〈赤城〉に乗組む。

昭和一〇年から二年二ヶ月にわたり、霞ヶ浦航空隊付で勤務し、一二年一二月に〈加賀〉へ配属され、このとき大尉に昇進した。それから一年半後には館山航空隊の分隊長となり、それから一年四ヶ月後には故郷大分の宇佐航空隊分隊長に転じた。更に二年後の昭和一六年九月、霞ヶ浦航空隊の分隊長を務めた。運命の異動――〈飛龍〉飛行隊長には、ミッドウェーのわずか二ヶ月前の一七年四月に栄転していた。杜撰《ずさん》な作戦計画の立案は、こうした有為の将兵の戦死に直結するだけに、参謀たちの責任は重い。ましてや図上演習もやっていない作戦の認可など、あってはならないことだと言える。

関行男《せきゆきお》

【海軍大尉（中佐）
一九二一―一九四四
享年二三歳】

「僕には体当たりしなくても敵空母に五十番（五〇〇キロ爆弾）を命中させる自信がある。日本もお終《しま》いだよ、僕の様な優秀なパイロットを殺すなんてね。僕は天皇陛下の為とか日本帝国の為とかで行くんじゃないよ。KA（妻）を守る為に行くんだ。最愛の者の為に死ぬ。どうだ、素晴しいだろう」

特攻隊員の偽らざる心情

いくら死地に赴くとしても、大体のところ一〇〇分の五――五パーセントは生存者や無傷の者が生じる。あの硫黄島においても戦死二万一〇〇〇に一〇〇〇の生存者がいた。

しかしながら神風特別攻撃隊など特攻攻撃は文字どおり一〇〇パーセント、死があった。すなわち死に向かっての突入だったのである。

神風特別攻撃隊　レイテ沖海戦において海軍が特別攻撃隊として昭和一九（一九四四）年一〇月二五日に初めて実行した部隊。爆弾、爆薬を搭載した軍用機、高速艇などの各種兵器を、敵艦船などの目標に乗組員ごと体当たり、自爆させ

これは戦局が大きく傾いた昭和一九（一九四四）年一〇月に第1航空艦隊長官に軍需省航空兵器総局総務局長から転出した、大西瀧治郎海軍中将が考え出した戦法である。その思考の根源は「一人一殺」すなわち一人が敵の一艦を屠《ほふ》る、というものだった。

この戦法は爆弾の行く先を、最後の最後まで見届ける意味から、確実性の高い攻撃方法ではあった。しかしながら優れた資質を有して、経験を重ねてきた操縦士を、確実に損耗させてしまうことでもある。私はこれを戦史上最悪の戦術、と見做してきた。どれだけ以後に戦功を立てるか判らない熟練操縦士を、使い捨てにしてしまうからだ。

冒頭の言葉のなかでも、関行男海軍大尉は自分の抜倆に誇りを持ち、体当たりしなくとももと述べている。これは特攻攻撃に出撃した初期の操縦士たちに、共通した感想だと言えるだろう。彼らは敵によって殺されるなら致し方ないと考えるが、自分の国によって殺されるということに、最後まで納得できない者が多かった。

る戦死前提の戦法。外国語でも「Ｔｏｋｋｏ」（トッコウ）「Ｋａｍｉｋａｚｅ」（カミカゼ）が自爆攻撃として通じている。

操縦士たちは潔い性格の者たちが多く、落下傘を持ってゆかないほどだ。やられたらそれまで、というわけである。そして開戦劈頭の真珠湾攻撃の際にも、被弾してもはやこれまでと格納庫に突入した、飯田房太海軍大尉（戦死後に二階級特進で中佐）という例が存在していた。

だが、これは自らの意思による。損傷の状態から空母〈蒼龍〉まで戻れないと判断、覚悟を決めたのであろう。不時着しても捕虜となり、日本海軍の戦力とはならない、と思ったに違いない。壮烈な戦死だった。この飯田大尉にしても、もし関大尉と同じ命令を受けたら、首を傾げたのは間違いないと思う。

関大尉はこのとき算《かぞ》えで二四歳である。一九年五月に結婚した妻もまた同じ年か幾つか年少だったはずだ。その最愛の妻を守るために死ぬ、ということで彼は辛うじで自らを納得させている。惜しい戦士――そして青年の死であった。

飯田房太
大正二年－昭和一六年。
山口県出身の海軍軍人。

関行男は愛媛県出身で、骨董商の父の長男として生まれた。西条中学を経て海軍兵学校に入学、日米開戦直前の昭和一六（一九四一）年一一月に卒業した。少尉候補生として〈扶桑〉に乗組み、海軍の軍人としての大きな一歩を踏み出す。

少尉になったのは一七年六月で、〈千歳〉に乗組んでいた。ところが一八年一月に練習航空隊の第三九期飛行学生となり、在学中に中尉に昇進している。

霞ヶ浦海軍航空隊付の一九年五月に大尉へ進級、このとき結婚したのである。それから四ヶ月で台南航空隊分隊長となり、更に一ヶ月後に神風特別攻撃隊敷島隊の指揮官を命ぜられたのだ。

マニラ東方マバラカット基地で別れの杯を交し、爆装機五機と直掩機四機で出撃した敷島隊は、特攻攻撃の先駆となった。関大尉は全軍布告、二階級特進で中佐に昇進している。発進直前を描いた御厨《みくりや》純一画伯描く絵はあまりに印象的だった。

御厨純一
明治二〇年－昭和二三年。佐賀県出身の洋画家。海軍の従軍画家として海戦画を描いた。

【『統帥綱領・統帥参考』とは】 3

◉ 戦後は民間の経営者も座右の書に

旧軍人だけでなく、大橋元中佐の復元した『統帥綱領・統帥参考』を、民間の経営者たちも座右の書とした人が多く、経営の指針としていた。私自身も昭和四〇年代の高度成長期に、そうした経営者をよく見かけたものだった。

大橋元中佐は東洋精密工業の経営の傍、よく講演をしており、理路整然たる語りくちが人気を集めた。また経営者を退いてからも、兵法経営塾を開いていたのである。私も二度ほど出席したことがあったが、同じ町(愛知県宝飯郡蒲郡町――現在の蒲郡市)出身であることを伝えると、「きみのような若い人に聴講してもらって嬉しい」と言われた。あともう一人――サイパン島の英雄大場栄大尉もまた、同じ町の出身者だった。

昭和二〇年代後半から三〇年代は、同業他社とのシェア競いだけでなく、企業を潰そうとする労働運動との戦いでもあった。会社を存続できないようにして社会不安を煽る、極左路線の共産党系組合が存在していた時代として知られる。当時はそのような幾つもの敵を抱えての経営だけに、巷間の経営者のあいだでは「血の小便」という表現がよく語られた。そんな厳しい時代だったのである。

第4章

歴史の真実を学べる言葉

立見尚文《たつみなおふみ》

陸軍中将（大将）
一八四五―一九〇七
享年六一歳

「各隊は全滅を賭して黒溝台への攻撃を続行し、その目的を遂行せざるときは一歩も退くなかれ」

戦争敗北を避けるための名将の悲壮なる覚悟

この言葉は、明治三八（一九〇五）年一月二七日夜、司令部近くの広場に予備隊の将兵などを集め、立見尚文中将が訓示したものである。力が入り踏台としていた木樽を踏み抜く、という出来事もあった。

彼は戊辰戦争を幕府軍として戦い、桑名藩の雷神隊を率い越後の朝日山などで勝利を重ねた。西南戦争では西郷隆盛の拠る城山に、新撰旅団の選抜隊を率いて突入、西郷に引導を渡した。日清戦争では平譲を攻め玄武門から真っ先に城内へ突入、敵を総退却させ、樊家台《ファンチャタイ》では野津道貫中将から「東洋一の戦術家」と賞讃されている。しかも鳳凰城に駐留した際には善政を施き、帰国時に留まってくれるよう地元民から要請されるなど、名将として名を轟かせていたのだ。

日露戦争では明治三七年六月七日に動員下令を受けていたが、北方の備えの意味から旭川第7師団とともに最も満洲入りが遅かった。そして満洲軍の中央に位置し、黒溝台前面へ布陣したのである。

総司令部では作戦参謀の松川敏胤《としたね》大佐が、何故かロシア軍の冬期攻勢はないと信じこみ、十分な迎撃の準備を整えていなかった。このため防備の手薄さを衝かれて、黒溝台を占領される破目となった。これにより敵の攻撃に直面した第8師団と騎兵第1旅団は、軍規模の相手と真っ向から戦いを挑まれる格好となり、たちまち劣勢に陥ったのだった。

全体的に薄い日本軍の防衛線は、もし一ヶ所でも突破されると戦線が真っ二つに分断されることを意味し、それは即ち戦争の敗北を意味していた。だから立見中将は師団が全滅することがあっても、敵を黒溝台から追い払い、渾河の彼方へ撤退させたかったのである。

満洲軍総司令部は広島第5師団を中央へ移動させ、臨時立見軍を編成することにより、兵力不足を補って戦った。かくして黒溝台は第8師団により確保されたが、立見中将は異動に際し連れてきた二人の将校——三村幾太郎少佐と福島泰蔵大尉を、その総攻撃により戦死させてしまった。

立見尚文は江戸八丁堀において、桑名藩士の三男として生まれる。幼いとき従妹との結婚を前提に立見家へ養子として入り、立見鑑三郎となった。藩校である立教館、次いで昌平黌に学び、京では若くして藩の外交を担当した。戊辰戦争に幕府軍として従軍し鳥羽で戦い、宇都宮、朝日山などを転戦、山縣有朋の学友である時山直八を戦死させた。彼の率いる雷神隊の名は一躍敵味方に知れ渡った。荘内で終戦を迎えると、明治三（一八七〇）年に赦免

時山直八
天保九年－慶応四年。萩藩士。松下村塾で吉田松陰に学ぶ。高杉晋作とともに尊王攘夷運動に参加。騎兵隊参謀として活躍。

され、桑名県に出仕したのち上京、六年に司法省で裁判所勤務となる。やがて西南戦争勃発により軍から要請があり、一〇年六月に少佐に任官している。新撰旅団参謀副長として城山攻撃に参加、錦絵にも大きく描かれた。

明治一一年三月姫路歩兵第10連隊大隊長、次いで大阪歩兵第8連隊大隊長を経て、いったん参謀職に就く。一八年二月に中佐となり、東京の歩兵第1連隊長、近衛歩兵第3連隊長を歴任、一九年八月から二〇年一月まで小松宮欧州視察に随行した。この帰途に大佐にと昇進する。

その後は名古屋第3師団参謀長を皮切りに、近衛師団の参謀長になった。明治二七（一八九四）年六月に少将に進級、同時に松山第10旅団長の地位に就き、直後に朝鮮半島へと出征したのである。

復員後は台湾総督府で児玉源太郎など四人の総督の下で活躍、三一年に中将昇進とともに弘前第8師団長となる。三七年に日露戦争へ出征、帰国後に体調を崩し大将に進んだのち、三九年に歿したのであった。

山口素臣《やまぐちもとおみ》

陸軍大将
一八四六―一九〇四
享年五八歳

「支那家屋に乱入、放火、掠奪の行為があったならば厳重に処断すべし。特に婦女子を犯す者あらば、即刻捕えて断罪せよ」

抜群だった日本軍の規律

この言葉は明治三三（一九〇〇）年の義和団事件（北清事変）に、山口素臣中将が広島第5師団を率いて上陸、麾下《きか》の将兵に対して出された命令であった。実質上の第一線指揮官は福島安正少将だったが、中将は折にふれそうした布告を出している。

過去において外国軍隊の中国大陸における行動は、掠奪の歴史と言っても過言ではなかった。とりわけ一八六〇年に英・仏連合軍が北京へ進攻した際は、上は将軍から下は兵卒まで掠奪競争を繰りひろげた。とりわけ高級将校は一財産築いたし、兵卒たちもそれなりに財産を獲たと言われる。

その点で日本軍の規律は抜群だった。明治二七（一八九四）年に勃発した日清戦争では、鳳凰城に駐留した松山第10旅団——立見尚文少将、あるいは海城の名古屋第3師団——桂太郎中将は、講和が成立し帰国が決まったとき、地元住民からとどまるよう要請があったほどだ。

何故なら清国軍は軍閥中心で統制がとれておらず、一般商店から物品を持去り代価を支払わなかった。それに対して日本軍は銀貨で支払し、婦女暴行事件も一切起きなかったからである。

下級指揮官たちも同様に軍律を守り、主のいない畑の作物を勝手に食べたり、ということをさせなかった。朝鮮半島で真夏に進軍していた小隊が、西瓜畑を見つけて持主を探し出し、一角を決めてそっくり買い、それから競って食べ始めたとの逸話も残っている。

そうした常識ある行動は、日本軍のすべての指揮官——のみならず一般の兵士にまで、徹底されていたのだ。山口中将もまた、それを改めて周知させたということであろう。

八月一四日に北京へ入城した日本軍は、連合国守備隊を率いた柴五郎中佐たちを救出、その後は直ぐに北京の要衝の警護に就いた。ここでも列強の兵士たちの掠奪を許さず、清国政府から感謝されたことが知られている。これが日清・日露、それに義和団事件を戦った日本軍であった。

山口素臣は長州藩士の家に生まれ、山本姓から養子になり山口家を継いだ。長州藩の騎兵隊で教導役として活躍、幕府の長州征伐、戊辰戦争、佐賀の乱、そして西南戦争に従軍して軍歴を重ねた。

日本陸軍へは明治四（一八七一）年に軍曹として加わり、一ヶ月ごとに少尉、中尉、大尉と進級していった。西南戦争から戻ると大津の歩兵第9連隊長となり、一年後に中佐となっている。その後は金沢の歩兵第7連隊長にと

柴五郎
万延元年－昭和二〇年。福島県出身の陸軍軍人。義和団の乱の防衛線で賞讃を受け、欧米各国からも勲章授与が相次ぎ、欧米で広く知られる最初の日本人となった。最終階級は陸軍大将。

転じ、ほぼ二年後の一五年に大佐へと累進した。

この大佐時代に、熊本鎮台、東京鎮台、そして近衛の参謀長を歴任したのであった。明治二一（一八八八）年に師団制となる以前のことである。

また二〇年九月から二一年六月にかけて、欧米出張が経歴上で目につく。九ヶ月にわたる視察であったが、当時の交通事情を考えると船便が多いので、実際の活動は半分ほどと見るべきだろう。

日清戦争に出征後、翌年に中将へと昇進した。このとき広島の第5師団長を拝命したのであった。広島は宇品港があるため、朝鮮半島方面の出兵に際しては、常に先陣を切ることが多い。そして彼の場合もまた、北京への派兵に派遣されたのだった。

日露戦争勃発後に大将となるが、病気のため三七年八月に歿した。元気ならば第3軍司令官の可能性もあった人物である。

岡崎生三《おかざきせいぞう》

【陸軍少将（中将）
一八五一―一九一〇
享年五九歳】

「撃ち方止め！」

各国の観戦武官を驚かせた日本軍の指揮命令系統

この言葉は明治三七（一九〇四）年九月二日に、太子河右岸（北岸）の饅頭山において、岡崎生三少将により発せされた命令であった。ロシア軍の夜襲を山頂付近で迎撃する日本軍は、これによってピタリと射撃を中止、三方から迫りくる敵の位置をはっきり確認したのだった。

やがて頃合を見計った岡崎少将は、「急射突撃」を命じた。ラッパ手がこれを吹き鳴らすと同時に、これまで静まりかえっていた日本軍陣地から斉射が起こる。頂上寸前に迫っていたロシア軍将兵は、思いがけない反撃に薙ぎ倒され、たちどころに混乱状態にと陥った。

銃撃を終えた日本軍将兵は、指揮官は抜刀し斬りかかり、兵は銃剣での突撃に移る。登坂中のロシア軍将兵の側と斜面を駆け下る日本軍将兵では、最初から勢いが違った。かくして夥《おびただ》しい数の戦死体を残し、ロシア軍は撤退していったのである。

四キロメートルほど離れた地点で一部始終を見ていた、一七人の各国観戦武官は驚く。命令一つで一切の発砲が停止され、ラッパの音とともに反撃が開始されたからだ。それと同時に指揮していた岡崎少将の咄嗟《とっさ》の判断を賞讃したのだった。のちにこの饅頭山は「岡崎山」と改称され、昭和三〇(一九四五)年までそう呼ばれた。

この地が日本軍の確保するところとなった結果、ロシア満洲軍総司令官アレクセイ・クロパトキン大将は、遼陽が側背を脅かされ退路を断たれると考え、「満洲の天玄」――遼陽の放棄を決めたのであった。

日本軍としては奥保鞏《やすかた》大将の第2軍が、遼陽の前面――首山方面での敗退したことを、黒木為楨《ためもと》大将の第1軍の勝利により、完全にカバーしたのだった。まさに逆転の一撃となる大きな意味を持つ勝利と言ってよい。

それに先立つ八月二六日の未明、遼陽への進撃路を塞ぐ弓張領に対し実施された師団単位の大夜襲にも、岡崎少将の旅団は出撃し敵陣を陥れている。なかなか一週間を隔てて二つの勲功を打ち樹てたことは特筆されてよいだろう。

岡崎生三は土佐藩士の長男として生まれ、戊辰戦争に参戦している。そして明治四（一八七一）年に御親兵となり東京へ出てきた。振出しは陸軍軍曹だが、翌五年には早くも中尉に任官した。

明治一〇年に西南戦争に出征、この期間中大尉へと昇進を遂げた。その後は東京の歩兵第1連隊大隊長、名古屋歩兵第6連隊長などを歴任。一六年には少佐に進級していた。二二年から二年間は東宮（のちの大正天皇）武官となるが、以後二年八ヶ月の休職期間があった。

日清戦争は後備の連隊長、あるいは留守師団参謀長で、出征せず内地勤務に終始した。ただし二八年末から二年半にわたり、威海衛占領軍参謀長で外地に赴いている。

明治三一（一八九八）年八月から仙台第2師団参謀長となり、二年半後に少将累進と同時に隷下の歩兵第15旅団長に就任。この部隊に係わりを有して五年半、隅まで知り尽くしてから日露戦争に出征したことになる。

黒木為楨大将の第1軍として、岡崎旅団は九連城、弓張領、太子河渡河、奉天と激戦を勝ち抜く。岡崎少将は饅頭山の戦闘でも判るように、臨機応変の戦術展開を見せ、その指揮統率に冴えを示した。

明治三九年に中将に栄進、このとき越後高田の第13師団長に任命された。四三年六月に病気待命となり、一ヶ月後に逝去している。

秋山真之《あきやまさねゆき》

【海軍中佐（少将）
一八六八―一九一八
享年四九歳】

「本日天気晴朗なれども波高し」

日本海海戦前に通達され士気を高めた名文

伊予松山藩士の四男に生まれた秋山真之は、松山中学、共立学舎、大学予備門などの入学中退を繰りかえし、明治一九（一八八六）年にようやく海軍兵学校にたどり着く。陸軍大将秋山好古《よしふる》の弟として知られる。

この冒頭の言葉は、日露戦争の日本海海戦の直前、連合艦隊の旗艦〈三笠〉より、主任作戦参謀の彼が起案、打電したものである。

これには「本日は好天に恵まれ視界がよく、敵の発見は極めて容易である。波が高いので長い航海を続けてきた敵の将兵には厳しい条件となるであろう」、との意味が見てとれる。大本営海軍軍令部に対して、自信の程を示したものと考えてよい。

同じく秋山中佐が起案した、「皇国の興廃この一戦にあり。各員一層奮励努力せよ」もまた、連合艦隊司令長官東郷平八郎の名で全軍に通達され、全員の士気を高めたことが知られる。どちらもなかなかの名文で、短いなかに実に簡潔に言うべきことが盛りこまれていた。

秋山中佐の一歳年長に同郷の正岡子規がいた上に、一緒に上京して大学予備門にも学んでおり、その文学的影響を受けていたのかもしれない。ともかく日本海海戦における彼は、作戦立案に将兵の士気の鼓舞に大活躍したのである。司馬遼太郎の名作『坂の上の雲』は、彼を主人公として描き、兄の秋山好古大将と友人の正岡子規を脇に配した、その人物の配置が実に巧みな作品だった。

正岡子規
慶応三年−明治三五年。愛媛県松山市出身の俳人、歌人。日本の近代文学に多大な影響を及ぼした。結核により三五歳で歿。

坂の上の雲
司馬遼太郎の代表作のひとつとされる長編歴史小説。前半は秋山好古、秋山真之の兄弟と、正岡子規の三人が明治という日本の勃興期を生きた様子が描かれる。後半では日露戦争が中心となり、秋山兄弟の他に児玉源太郎、東郷平八郎、乃木希典などの将官が登場する。

秋山真之は前述のとおり松山で生まれ、少年時代を過ごす。兄を含め近所に一度に三人、高名な人物を輩出した、という珍しい例だと言えよう。

上京して東京帝国大学の前身——大学予備門に入学するが、下級将校で薄給の兄に面倒をかけるを潔しとせず、すべてが官費の海軍兵学校にと転じた。明治二三（一八九〇）年に海兵を第一七期首席で卒業すると、〈龍驤《りゅうじょう》〉分隊士、〈松島〉航海士を経て、〈吉野〉のイギリスからの回航に乗艦した。

日清戦争が勃発すると、〈筑紫〉、〈和泉〉、〈大島〉などの航海士となり、経験を積んでゆく。その後で注目される経歴は、明治二九年一一月からの大尉として軍令部諜報課員の勤務であり、それを終え翌年六月からアメリカ留学に出発している。このことは留学先での情報収集の基礎を、八ヶ月ほどのあいだで叩きこまれたことを意味した。

アメリカ留学から一年後の明治三一（一八九八）年六月に米西戦争が勃発すると、彼は観戦武官としてアメリカ艦〈ニューヨーク〉に乗組み、他にも数艦を転じて、サンティアゴ湾封鎖作戦を目の前で学んだ。これは六年後に旅順口封鎖作戦に活かされたのである。

アメリカには明治三二年一二月まで滞在しており、それからイギリス駐在にと転じ、三三年五月に帰国を命じられた。四年にわたる英語圏での生活だった。それからは軍務局、常備艦隊参謀を二度、海軍大学校教官などを経て、三六年一一月に第1艦隊兼連合艦隊参謀となる。日露戦争勃発後の三七年九月に中佐へと進級、ロシアのバルト艦隊との決戦に専念し備えた。

連合艦隊司令長官東郷平八郎の主任作戦参謀として、いかにこれを撃滅するかに腐心したのである。そして明治三八年五月二七日に対馬付近において、目論見どおりにロシア艦隊を撃破したのだった。これはロシア・バルト艦隊三八隻中の二一隻を撃沈、七隻を捕獲する大勝利となる。損害は水雷艇わずか三艘という軽微なもので終わった。

秋山中佐は日露戦争後、〈三笠〉副長、〈秋津洲〉、〈出雲〉、〈伊吹〉などの艦長を歴任、将官に進んで軍務局長を経て、大正六（一九一七）年に少将へ累進、翌年四九歳で世を去った。

バルト艦隊
一七〇二年にピョートルI世により創設されたロシア最古の正規艦隊。北方戦争終結時にはバルト海で最強の艦隊と呼ばれ、ロシアの勝利に貢献した。日露戦争では日本海海戦で日本海軍の連合艦隊と戦ったが、日本軍に一方的敗北をし、世界を驚愕させた。

白川《しらかわ》義則《よしのり》

【陸軍大将
一八六九―一九三二
享年六二歳】

「今や支那軍は帝国陸軍の当初要求したる距離外に退却し、帝国臣民の安全と上海租界の平和はここに恢復の徴を認むるを以て、本職は本日午後二時以後、支那軍にして敵対行為をとらざる限り、暫く軍を現地に止めて戦闘行為を中止せんとす」

昭和天皇のお言葉を遵守し停戦

昭和七（一九三二）年に満洲事変の余波が上海にも訪れ、三万に達していた日本人居留民の安全が脅かされた。このため彼地で警戒に当たっていた海軍の遣支艦隊は、海軍陸戦隊を上陸させたものの、支那側の第19路軍と砲火を交える事態を招いた。

そこで日本側も金沢第9師団と混成第24旅団を派遣した。ところが予想外の苦戦となって、上海派遣軍を編成、白川義則大将を司令官とする。大将は善通寺の第11師団、それに宇都宮の第14師団を率いて出撃、二月末に長江付近へ到達したのである。

これら増派された二個師団は、真茹《シンルー》と嘉定《ジアディン》より上陸すると、敵を包囲に入ったことで、たちまち形勢が逆転してしまう。敗走に入った支那軍は、上海から二〇キロ以上ただひたすら退却し、ここに上海居留民の安全が確保された。たった三日の戦闘で一掃したのであった。

冒頭の言葉はこのとき、上海派遣軍司令官の白川大将が副官に口述、発表させたものとして知られる。参謀から第一線の連隊長たちまで、殆どが継続しての戦闘を望み、敵の完全撃滅を要求したのであるが、彼は自分の判断で断固として拒絶したのだった。

その背景には出征を前に皇居へ参上した白川大将に対し、

「戦闘をなるべく短時日で片づけるよう努力して欲しい。決して長追いしないように注意せよ」

との、昭和天皇からの御言葉があった。
これを忠実に守った白川大将は、最も効果的な作戦展開をやってのけ、当初頑強に戦った敵を追い散らすが早いか、停戦の条件を整えたのである。
白川大将の声明があった数時間後、敵司令官も敗走に懲り停戦命令を発し、ここに上海周辺での砲火は絶えた。それから二ヶ月近く経過した四月二九日――天長節の祝賀会の席上で、朝鮮人が投げた爆弾により大将はじめ野村吉三郎海軍中将、重光葵公使の三人が重傷を負い、白川中将は一ヶ月ほどして逝去した。

白川義則は松山藩士――のちに材木商となった父の三男として生まれた。妹の船田操は済美高女すなわち現在の済美（野球が強く甲子園出場でも知られる）学園を創始している。
松山中学を中退後、彼は代用教員を経て、明治一七（一八八四）年に教導団に入り、工兵二等軍曹から二〇年に士官候補生となり、浜田歩兵第21連隊

天長節
天皇の誕生日を祝った祝日。第二次世界大戦後は「天皇誕生日」と改称された。明治の天長節は現在の「文化の日」、昭和の天長節（天皇誕生日）は現在の「昭和の日」となっている。

野村吉三郎
明治一〇年－昭和三九年。和歌山県出身の海軍軍人、外交官、政治家。駐米大使として真珠湾攻撃まで日米交渉に奔走した。

重光葵
明治二〇年－昭和三二年。大分県出身の外交官、政治家。第二次大戦中に外務大臣を務め、終戦時、政府全権として、降伏文書に調印した。

付とされた。二三年に陸軍士官学校を卒業、翌年少尉に任官した。猛勉強してそれから二年後には陸軍大学校に入るが、日清戦争勃発により中退、中尉として出征する。

復員後は二九年に陸大へ復校、三一年一二月に大尉として卒業したのである。このとき再び歩兵第21連隊に戻り、中隊長として勤務している。

陸士教官を経てこの連隊の少佐・大隊長で日露戦争に出征、明治三八年三月――奉天会戦の頃、新設されたサハリン攻撃の高田第13師団参謀に任じられた。明治四二（一九〇九）年に大佐へ昇進すると、静岡歩兵第34連隊長となった。四四年に善通寺第11師団参謀長、大正二（一九一三）年に中支派遣隊司令官、四年に少将として歩兵第9旅団長、一〇年に中将で第11師団長を歴任した。

その後は陸軍次官、大将として陸相など要職に任命され、上海派遣軍司令官で出征、遭難したのであった。戦火不拡大の昭和天皇からの命令を遵守した点を賞讃されてよい。

永野修身《ながのおさみ》

海軍大将
一八八〇―一九四七
享年六六歳

「油の供給源を失うことになれば、海軍の石油貯蔵量は二ヶ年で、戦争になれば一年乃至一年半で空になってしまうから、むしろこの際打って出ずる外ないと信じます」

アメリカを知り尽くした男のギリギリの判断

この言葉は、長野修身海軍大将が、一九四一年七月三一日に天皇に奏上したものである。これは誇張でも何でもなく、あの時点で日本が置かれていた実情を、そのままストレートに報告したもの、と考えてよい。

このとき海軍の石油備蓄は六〇〇万トンで、一日一万二〇〇〇トンのペースで消費していた。だから永野の言葉どおり、一年半ほどで空になってしまうはずであった。

ギリギリまで待って打って出るのでは、人間と同様に国家の体力にも限りがある。しかも戦える日数に限りが生じてしまう。それを避けるにはなるべく早い段階で戦いを挑み、決着をつけてゆくしかないのだ。

そのあたりについても永野は、

「時を経れば日本は足腰が立たなくなる外交手段により忍べる限り忍ぶが、適当の時機に見切りをつけねばならぬ。要するに軍としては、開戦時機を我方の先制によって決し、これによって邁進する外に手がない」

と、極めて正しい見解を示していた。

時間の経過が自分にとって、味方するのか、はたまた敵となるのか、このあたりの情勢判断は難しい。いったん打つ手が後手を踏んでしまうと、先手を取戻すことはまず不可能である。

そのあたりの永野の認識は間違っていなかったことが判る。海軍の軍令部総長といえば陸軍の参謀総長に相当する。ここでは適切な判断がなされてい

永野修身の名言
米国の要求に屈すれば亡国は必至とのことだが、戦うもまた亡国かもしれぬ。だが、戦わずしての亡国は魂を喪失する民族永遠の亡国であり、最後の一兵まで戦うことによってのみ死中に活を見出しうるであろう。戦ってよし、勝たずとも、護国に徹した日本精神さえ残れば、われわれの子孫は再起、三起するであろう。

た、と見做してよいだろう。

南方進出に対する彼の見解は、「仏印、タイに軍事基地を造ることは絶対に必要であり、これを妨害する者は断固叩いてよろしい」と、強気のところを示している。仏印進駐後の発言であるが、フランスとの二重統治の問題があり、微妙な政治問題を有していたのだ。

こうした一連の発言と開戦前後に軍令部総長の地位に在ったことから、戦後GHQは彼に対して、A級戦犯として逮捕命令を出した。これもまた他のA級戦犯と較べると、極めて当然だったと言える。

永野修身は高知県の出身で、士族の四男として生まれた。養子に出されたが、面白いことにどちらも永野姓だから、全く姓は変わっていなかった。

明治三三（一九〇〇）年に海軍兵学校を卒業し、艦隊勤務が続いたものの、日露戦争での活躍の場が与えられずに終わる。以後もずっと実際の開戦に従軍することなく、出世コースに乗っていった。

GHQ
昭和二〇（一九四五）年、太平洋戦争の終結に際してアメリカ政府が設置した対日占領政策の実施機関で、東京に設置された管理機関。昭和二七年にサンフランシスコ講和条約発効とともに廃止されるまで日本を支配していた。

A級戦犯
極東国際軍事裁判（東京裁判）により「平和に対する罪」で有罪判決を受けた者。「通例の戦争犯罪」はB級、「人道に対する罪」はC級。東条英機など二八名が起訴され、七名が絞首刑となった。

その経歴で目立つのは、大正二（一九一三）年から二年三ヶ月にわたるハーバード大学留学、そして九年から三年間のアメリカでの大使館武官としての勤務だろう。少佐として留学し、大佐として武官勤務を経験したことになる。合計して五年以上の滞在だから、アメリカを隅から隅まで知り尽せたはずだった。

大正一二年に少将へ昇進し、ここから艦長としての乗組みは終了する。これ以後は艦隊司令官となるのである。

昭和二（一九二七）年に中将へ累進、海軍兵学校の校長、軍令部次長を歴任した。九年に大将となるが、彼の経歴のなかでも一一年の海相、そして一六年四月から一九年二月までの軍令部総長は際立って目立つ。一番アメリカをよく知っていたはずの人物が、対米戦争を海軍に在って指揮したのだから、皮肉極まりない人事だと言えた。昭和二二年に巣鴨拘置所において病気でこの世を去った。

巣鴨拘置所
東京都豊島区巣鴨（現在の東池袋）にあった拘置所で、通称は「巣鴨プリズン」。現在の東京拘置所の前身にあたる。その跡地には池袋サンシャインシティが建っている。

東条英機《とうじょうひでき》

陸軍大将
一八八四―一九四八
享年六四歳

「きみたちの祖国はアメリカである。そのアメリカのために戦え」

東条悪玉論は歴史的事実なのか……

この言葉は、ハワイの日系二世の青年たちの問いかけに対し、書簡で以て応じた陸相の返答である。彼らはこれを拠りどころにして、アメリカ軍に志願しイタリアなどヨーロッパの戦場に赴いたのだった。

もしこのとき東条中将が、「諸君らは日本人だから日本のために」と書いていたら、ハワイの日系人の立場は徴兵拒否により、著しく悪化していたはずであった。いったん移民しその地に生まれた以上、祖国はその国であるという点を、改めて彼らに認識させる重要な言葉と言えた。

東条は日米開戦時の首相兼内相兼陸相であったことから、日本を戦争に突入させた張本人、という評価が定着してしまっている。けれど果たしてそうなのだろうか？

たしかに東条は中国大陸からの全面撤兵に反対した。そして昭和一六年（一九四一）年一〇月には、東条演説により開戦決意を披歴していた。

ところが組閣の大命が下ると、東条は一転、和平交渉にと転じたのである。開戦決意を捨て日米交渉を更に継続することになる。天皇の意思を尊重したにほかならない。

年も暮れようとした一一月に、

「外交と作戦準備とを併行して実施する場合における第一の前提は、外交が成功した場合に戦争の発起を、間違いなく止める保証である」

と、東条は明確に述べていた。

まさに「君子豹変」だったのだ。やはり首相という地位、天皇の意思、事の重大性などを認識、慎重な態度に変えたのだろう。周辺は驚く。近衛文磨首相を退陣にまで追い詰めたのは、妥協に傾いた日米交渉を「軍として絶対に承服し得ない」とした、東条陸相にほかならなかったからであった。一〇月一六日の近衛の辞表には、「東条陸相の主戦論を覆そうと努力したが成功しなかった」と、その理由が述べられていたほどである。

陸軍では東条首相が実現したとき、日米戦争が天皇の承認を得た、と考えた者が圧倒的だった。かくして昭和一六年一〇月一八日、東条大将を首班とする内閣が生まれた。

しかし陸軍を代表する参謀総長の杉山元大将、それに海軍を代表する軍令部総長は、タイムリミットを主張し続けた。とりわけ後者は、一時間に四〇〇トンの油が消費されると、より強固に開戦を唱えたのであった。そして一一月二六日のハル・ノートにより和平の機会は永久に去った。

ハル・ノート
太平洋戦争開戦直前の日米交渉において、アメリカから出された交渉文書。アメリカ側の当事者であるハル国務長官の名前からこう呼ばれている。日本側はこれを事実上の最後通牒と受け取り開戦を決意した。

東条英機は東条英教中将の三男で、東京府立四中から東京幼年学校に入学、軍陣として出発した。陸軍士官学校入学直後、日露戦争が勃発したことで繰上げ卒業し、少尉として近衛歩兵第3連隊の補充大隊に配属された。

大尉として陸軍大学校卒業後、大正八（一九一九）年からスイス、次いでドイツに三年以上駐在している。参謀本部、憲兵隊司令官、関東軍参謀長などを歴任、ついに昭和一三（一九三八）年に中将として陸軍次官に任命された。そして陸軍次官と兼務で、航空本部長、更に航空総監を兼務してゆく。東条中将はのち大将となっても兼務が多く、一五年に陸相となったときも対満事務局総裁を兼ねた。

昭和一六年一〇月に大将に昇進、首相のほか内相と陸相を兼務。一八年には軍需相、更には一九年に参謀総長までを兼務したのである。戦局が大きく傾いた一九年七月二二日、予備役に退きすべての実権を手放した。二〇年九月の自決未遂後に逮捕され、二三年一二月にA級戦犯として刑死したのだった。

陸軍大将
一八八五―一九四六
享年六〇歳

山下奉文《やましたともゆき》

「イエス・オア・ノー」

死刑判決を誘った、降伏交渉での言葉

この言葉は、昭和一七（一九四二）年に山下奉文中将が、第25軍司令官としてシンガポールに進撃、イギリス軍司令官のパーシヴァル中将に降服交渉の席上、激しく迫ったときのものである。優柔不断の敵将の煮え切らぬ態度に激高、強い言葉がつい口をついて出たのである。これをのちにアメリカ軍の軍事法廷は問題にし、一方的に死刑の判決を下したのだった。

パーシヴァル中将
一八八七―一九六六年。イギリス陸軍の軍人。陸軍中将。一九四一年四月にイギリス極東軍（マレー軍）司令官となる。翌年二月に日本軍に一三万の残存兵と共に降伏。これは英国史上最大規模の降伏となった。

この際のパーシヴァルの時間稼ぎの態度は、山下中将でなくとも怒るのは当然で、威嚇的態度に出ない方がおかしかった。敗北した側は軍事法廷に出されたら最後、勝者の言いなりの量刑が下されてしまうのが常と言えよう。

山下中将は少将時代、皇道派の青年将校を支持していたことが知られる。真崎勘三郎大将を頂点とする勢力を、陸軍内に公然と築いていたのであった。

このため青年将校たちに暴走を使嗾したような結果となる。しかしながら昭和一一年二月二六日の二・二六事件は、多くの中心人物が死刑になるなどしたため、荒木貞夫大将らもいつしか遠ざかって知らぬ顔を決めこんだ。山下少将もその一人である。

一方で野戦の司令官としての山下中将は、マレー半島での日本軍快進撃の立役者となった。そして難攻不落と言われたイギリス軍のシンガポール要塞を陥落させ、緒戦の英雄の一人とされた。

彼の戦略眼は大将——第14方面軍司令官となってからも健在で、昭和一九（一九四四）年にフィリピン防衛を命じられたとき、東京の大本営でルソン

皇道派
北一輝らの影響を受けて、天皇親政の下での国家改造（昭和維新）を目指した陸軍内の派閥。対外的にはソビエト連邦との対決を志向した。若手将校が過激な暴発事件を起こし、衰退していった。

島だけに兵力を集中、ここでアメリカ軍と決戦することを承認させた。

ところが当時マニラにいた南方総軍の寺内寿一元帥は、レイテ島にも兵力を割くことを強く主張、山下大将の防衛計画をひっくりかえしてしまう。ルソン島から敵の制空権下移動した部隊は、兵器弾薬装備を輸送船沈没により喪失、戦力とならないまま八万の戦死者を出す始末だった。寺内元帥は命令だけ出し、自分は安全なサイゴンに南方総軍司令部を移したのだから、最低の司令官と言ってよいだろう。

山下大将の第14方面軍は主力をレイテに引抜かれながら、頑強に抵抗を続けたのである。もし彼の主張どおりルソン一島だけで決戦に臨んでいたら、より大きな戦果があったと考えられる。

山下奉文は高知県の医師の二男として生まれ、海南中学から広島幼年学校に進み、日露戦争の終わった明治三八（一九〇五）年一一月に陸軍士官学校を卒業した。翌年六月に少尉に任官、広島歩兵第11連隊に赴任する。

寺内寿一
明治一二年―昭和二一年。山口県出身の陸軍軍人、政治家。第一八代内閣総理大臣の寺内正毅の長男。最終階級は元帥。

明治四一年に中尉に進級、戸山学校、次いで歩兵学校付となった。大正五年に陸軍大学校在学中大尉となっており、この年一一月に陸大を卒業、広島の連隊に戻り中隊長勤務に就く。

それから九ヶ月後に参謀本部付を命じられると、ドイツ班に配属され、それから三年余をスイスとオーストリアに駐在した。昭和二年にも二年半にわたり、オーストリアとハンガリー公使館武官を兼務している。昭和四年八月に大佐に累進、東京麻布の歩兵第3連隊長となる。九年八月には少将となり、支那駐屯混成旅団長などを歴任、一二年には早くも中将というスピード出世ぶりを見せた。大阪第4師団長に次いでは、航空総監兼航空本部長の地位に就き、一六年には六ヶ月半にわたってドイツに航空視察団長として訪れた。

帰国直後に関東防衛軍司令官に任じられ、四ヶ月後に第25軍司令官の地位で開戦を迎えたのである。第1方面軍司令官となり、一八年二月に大将昇進を果たし、一九年九月に第14方面軍司令官に任命され、ルソン一島防衛の方針を中央に認めさせ、フィリピンへ赴いたのだった。

沢田茂《さわだしげる》

陸軍中将
一八八七―一九八〇
享年九三歳

「いまフランスがドイツ軍に制圧されている最中に、日本が兵力を以て介入することは、武士の情けが許さぬ」

空気におされず正論をいう勇気と気概

昭和一五（一九四〇）年の日本は、皇紀二六〇〇年の祝典で沸きかえっていた。世界の一等国にふさわしい歴史を誇るものだけに、昼野を問わず奉祝の一ヶ月間が国民を誇らしげにさせたのである。

このとき軍部の目は南方――仏印、それにタイと蘭印に向いており、前二者には軍事基地、後者は石油という目的があった。とりわけ産油地の確保と

皇紀
初代天皇である神武天皇が即位した年を元年とする記年法。正式には「神武天皇即位紀元」。西暦二〇一二年は皇紀二六七二年になる。

いう狙いは、対米関係が厳しい状況下において、日本軍にとって死活問題となっていたのだ。さりとて蘭印の石油会社は英蘭それに米国系資本だから、交渉によって輸出させることは考えられなかった。

もし日本が武力で以て、仏印から蘭印にと進撃したら、イギリスに在るオランダの亡命政府は、イギリスに支援を求める。そうなると対英戦争にと発展し、それは更には対米戦争へも拡大してゆくのは必至と考えられた。

仏印――フランス領インドシナに関しては、中国雲南省などと国境を接するため、蔣介石《しょうかいせき》を支援する援蔣ルートの一つが、コーチシナのハイフォン港となっている。北部仏印を押えるだけでも、中国大陸での戦争はまた別の展開を示すのではと期待された。

もちろん本国をドイツ軍に占領されていた仏印当局は、日本の武力進攻を惧れて交渉に持ちこむが、雲南鉄道で国民政府側に運ばれる物資――すなわち貿易による利益が莫大なので、切ってしまうわけにゆかなかった。

ついに昭和一五年六月一八日に、参謀本部の部課長会議の席において、「外交交渉は既に一年にわたって行われたが実効に乏しく、この好機に乗じ武力行使して援蔣ルートの断絶を強行すべし」というのが、出席者大多数の意見であった。

このとき決然と冒頭の発言を行なったのが、参謀本部次長の沢田茂中将だった。それは正論であったから、誰一人として反論できず、会議の結論は外交交渉に委ねる、ということになった。

やがて北部仏印進駐という線で日本の方針が定まると、沢田中将は発言から四ヶ月後に参謀本部次長を外れ、年末には上海方面の第13軍司令官にと転出していった。それ以後は段階を踏んでなし崩し的に、南部仏印進駐にと進み、対米戦争にと突き進んだのであった。

沢田茂は高知知事出身で、父が農業という、軍人の家系ではなかった。ただし、兄は陸軍大尉まで進んでいた。明治三三（一九〇〇）年に広島幼年学校に入学、軍人として第一歩を踏み出している。

陸軍士官学校を卒業したのは三八年一一月のことで、日露戦争には間に合わなかった。翌年六月に砲兵少尉として任官、大正三年に中尉時代に陸軍大学校を卒業した。そのまま参謀本部に入ると、砲兵大尉でウラジオストーク勤務となり、オムスク機関員として活動する。シベリア出兵には一年半ほど係わり、一一年には砲兵少佐でギリシア公使館付武官となった。

その後は砲兵畑に戻り、陸大教官などを歴任するが、注目されるのは昭和三年のハルビン特務機関長というあたりだろう。この地位に一年九ヶ月ほど在職したが、シベリア出兵時のオムスクおよびシベリア機関での活動が、極めて顕著だったことによると考えられる。

一〇年に少将、そして一三年に中将と順調に昇進し、一四年一〇月に参謀本部次長に任命された。冒頭の発言はその翌年のものであった。けれど第13軍司令官となったことで、戦後二一年になり上海の軍事法廷で重労働五年の判決を受け二五（一九五〇）年に釈放されている。

大田実《おおたみのる》

「本戦闘ノ末期ト沖縄島ハ実情形□一木一草焦土ト化セン　糧食六月一杯ヲ支フルノミナリト請フ　沖縄県民斯ク戦ヘリ　県民ニ対シ後世特別ノ御高配ヲ賜ランコトヲ」

【海軍少将（中将）
一八九一―一九四五
享年五四歳】

多大な犠牲を強いた沖縄県民への溢れる思い

この言葉は、沖縄の小禄半島においての戦闘で、最終段階に達したと判断した大田実少将が、昭和二〇（一九四五）年六月六日に発した海軍次官宛て電報である。それから彼は豊見城《とみぐすく》の海軍陸戦隊壕内で、挙銃による自決を遂げた。もうそのときは司令部自体がアメリカ海兵隊の攻撃により分断され孤立し、敵兵の足音が彼のいる壕に迫っていたのだ。

陸軍部隊とは違い海軍部隊――とりわけ海軍陸戦隊は、海岸線寄りに布陣したがる傾向があった。その上に沖縄戦のケースにおいては、双方の連絡網が十分に機能せず、牛島満中将の命令を海軍側が誤解するという、不幸なトラブルも生じてしまった。このため大田少将は重火砲の破壊を命じて小禄地区からの撤退準備に入り、誤まりと知りまた元へ戻るといった、あってはならぬアクシデントに翻弄されたのだった。

この大田少将の言葉だが、協力を得てきた上に多大の犠牲を強いた、沖縄県民への思いが溢れている。老若男女すべてが戦闘の混乱のなかに巻きこまれ、一〇万以上の死者を出してしまったわけだから、それに触れたのは彼の人柄を彷彿とさせるものとなった。

昭和一九年以後の徴兵による兵士の質は、日中戦争当時のそれと較べると雲泥の差があった。乙種の下か丙種で召集されてきた兵たちの資質は、戦闘要員として水準以下であり、その意味からすると海軍陸戦隊は沖縄随一の精兵集団と言えた。だからこそ狭い地域において、アメリカ軍と較べ遥かに劣る装備で、一〇日間の激戦を戦い抜けたのである。

陸海軍のあいだの溝は随所に見られ、第32軍司令部の作戦会議に海軍が招かれなかったり、多くの問題が生じていたのだ。「完全撤退命令」と「撤退支援命令」の解釈の違いが生ずるに至っては、もはや同じ日本軍内の出来事とは思えない。最悪の状態と断言してよい。

海軍陸戦隊は重火器を破壊後、また小禄に戻ったのだから戦力の低下は目を覆うばかりであった。そして本当の撤退命令が出たとき、大田少将の残存部隊はもう動かなかった。これは命令を無視したよりも、もはや物理的に無理だったと解釈すべきであろう。


大田実は小学校長そして村長だった父の二男として生まれ、千葉中学から海軍兵学校に学び、第四一期の卒業生である。成績は全体の中頃ぐらいで、同期には草鹿龍之介や田中頼三らがいた。

体格に恵まれていることから、海軍陸戦隊の道にと進み、そのエキスパー

草鹿龍之介
明治二五年－昭和四六年。東京出身の海軍軍人。太平洋戦争の主要な部隊で参謀長を歴任。最終階級は海軍中将。

トとして知られるようになる。昭和七（一九三二）年の第一次上海事変に従軍しており、そうした陸戦隊の活躍ぶりは、名作として知られる映画『上海陸戦隊』に余すところなく描かれた。ただしこの映画は一二年の第二次上海事変が舞台であるが――。

大田海軍中佐は昭和一一年の二・二六事件に際して、横須賀の佐藤正四郎大佐の陸戦隊大隊長で、東京に出動を命じられた。このとき参謀として安田義達少佐が在り、のち二人は陸戦隊の指揮官の双璧と称されている。

日米開戦後も要職を歴任、一七年一一月に少将へと進級した。このとき第8連合特別陸戦隊司令官に任命されている。

沖縄と係わりを持ったのは、二〇年一月に沖縄方面根拠地司令官となってからで、そのままアメリカ軍の上陸を迎えた。そして六月六日に冒頭の電文を発信、それから更に一週間戦い続けた上、一三日に自決したのであった。戦史に残る訣別の電報で、戦死後に中将へ昇進したのである。

佐藤正四郎
明治一九年－昭和三三年。新潟県出身の海軍軍人。山本五十六とは同級・同窓。最終階級は海軍少将。

安田義達
明治三一年－昭和一八年。広島県出身の海軍軍人。ニューギニア東部のブナの戦闘において戦死。死後、海軍中将となる。

源田実《げんだみのる》

【海軍中佐（大佐）
一九〇四―一九八九
享年八四歳】

「真珠湾はもう一度、攻撃を加えるべきであった」

第三次攻撃を加えていれば……

この言葉は一九六〇年代前半に、航空自衛隊の幕僚長だった源田実空将が、アメリカでの講演で話し波紋を呼んだものである。彼は奇襲攻撃のとき、第1航空艦隊参謀――中佐として作戦立案に当たっていた。しかも第二次攻撃隊が発進したとき、第三次攻撃の必要を強く主張したのだ。

「まだ無傷の燃料タンクや施設が多く残っている」

というのが、源田中佐の主張の論拠であった。

しかしながら第1航空艦隊長官の南雲忠一中将は、退避が遅れてアメリカ軍に追撃されることが気になり、そこまでで攻撃を打切らせてしまった。文字どおり「画竜点睛を欠く」ことになったわけである。

源田中佐の言葉は、結果論からも正しかったのだ。もし燃料タンクを全滅させていたら、それ以後アメリカの太平洋艦隊は燃料を欠き、大規模な艦隊での作戦に出られなかった。その意味からも第三次攻撃の中止は、惜しまれる決定だと断言してよい。

私はこの頃、アメリカ人からよく質問を受けた。そのたびに「ジェネラル・ゲンダは正しい」と返答したものだった。理由としては戦略的優位を確立した地域で戦っているのに、何故中途で戦闘を停止するのかという一点を述べておいた。丁度《ちょうど》その発言と相前後した頃、航空自衛隊の次期主力戦闘機の問題があり、源田空将は渦中に在った。最終的に残ったのが、ロッキードF－104とグラマンの艦上戦闘機だったが、音速の二倍の速度を誇った前者に決定した。彼は自ら二機種の操縦桿を握り、操縦性などを確認した上で、しっかり結論を出したのだ。

幕僚長を退いた源田は、直後の昭和三七（一九六二）年の参議院選挙に全国区から立候補したが、私は選挙権を得た初めての選挙で彼の名を投票用紙に記した。それはアメリカでの堂々とした発言内容に、強い感銘を覚えたからにほかならない。一票を投じた支持者として一度だけだがお目に懸ったことがあるが、その眼光の鋭さに改めて感銘を受けたものである。語る言葉もいかにも武人そのもので、曖昧な言動を繰りかえす他の国会議員と較べ、出色の歯切れのよさが目立っていた。

広島県の農業兼酒造業の家に生まれた源田実中佐は、県内江田島の海軍兵学校を目指した。砲術将校の道を歩むが、中尉のとき第19期飛行学生となり、新しい分野である戦闘機の操縦士を目指した。

そこを卒業すると空母〈赤城〉あるいは〈竜驤〉などの乗組を経験する。

昭和一〇（一九三五）年から二年間は海軍大学校に入学、ここで参謀教育を正式に学んだ。空中戦の技術にかけても優秀で、部下を厳しく教育訓練し「源田サーカス」と呼ばれる、卓越した戦闘集団をつくり上げた。この戦技はやがて時代遅れとなるが、ともかく一時代を築いたことは間違いなかった。

昭和一五年の中佐昇進と同時に、本格的に参謀畑を歩んでゆき、一六年に第1航空艦隊の参謀として真珠湾攻撃の作戦を立案した。しかしながら一七年六月のミッドウェー作戦は、海軍が焦り図上演習をやる間もなく攻撃を実施、南雲中将の決断の鈍さが致命傷となって、四隻の空母を喪失するという大敗を招く。

南雲中将が左遷された影響で、作戦主任参謀の源田中佐もまた、以後は陽の当たる場所に出ていない。昭和一九年に大佐も昇進するものの、晴れの舞台はもう巡ってこなかった。

だがこの不世出の名操縦士には、航空自衛隊という活躍の場が戦後に与えられた。それは彼にとってこの上ない幸運と言えた。

山岸宏《やまぎしひろし》

【海軍中尉
一九〇八―一九八九
享年八一歳】

「問答無用！　撃て」

五・一五事件での首相暗殺

満洲事変や上海事変を引起した軍部は、軍主導の国家体制にと突き進んだ。急進派の若手将校たちは、昭和六（一九三一）年一〇月一七日の〈十月事件〉以後、陸軍と海軍が分派活動に移り、陸軍は荒木貞夫中将が陸相に就任したことで、体制内改革にと路線を転じていった。

しかしながら海軍の下級将校たち――主として尉官クラスは、直接行動に

十月事件
陸軍の中堅幹部によって計画されたクーデター未遂事件。軍隊を直接動かし、要所を襲撃し、首相以下を暗殺するというもので、関東軍が日本から分離独立する旨の電報を政府に打ち、それをきっかけにクーデターに突入するというものであった。

出る路線を捨てず、日蓮宗の僧侶である井上日召の血盟団と結び、要人暗殺の機会を狙った。そして翌昭和七年二月に民政党総裁の井上準之助、三月に三井合名理事長の団琢磨が、相次いで血盟団員によって暗殺された。

この動きに呼応した海軍の下級将校六人、そして陸軍士官学校生徒十二人が、五月一五日に動いたのが〈五・一五事件〉である。彼らは三組に分れて行動し、首相官邸、内大臣牧野伸顕邸、政友会本部、それに三菱銀行などを襲撃した。このとき山岸中尉は、首相官邸襲撃班に参加しており、同僚の三上卓海軍中尉らと行動をともにしていた。官邸にいた犬養毅《いぬかいつよし》首相は、「話せばわかる」と三上中尉に告げ、客間へと入った。

彼は首相に対して、「我われが何をしにきたか解るだろう。何か言うことがあれば言え」と言った直後、それでは生温いとばかり山岸中尉が、

「問答無用！　撃て」

と、一声叫んで射殺してしまった。

血盟団
昭和初期に活動した右翼テロリスト集団。茨城県大洗町の立正護国堂を拠点に右翼運動を行っていた元大陸浪人で日蓮宗僧侶の井上日召によって作られた。国家改造のため、政・財界の大物たちの暗殺を企て、井上準之助、団琢磨が殺された。

五・一五事件
昭和七（一九三二）年五月一五日に起きた海軍の青年将校を中心とする反乱事件。武装した将校たちが首相官邸に乱入し、犬養毅首相を暗殺した。

山岸宏海軍中尉は新潟県高田の出身で、父も弟も陸軍将校だった。けれど彼は海軍兵学校を昭和三年に卒業、潜水艦に乗組んでいたことがあった。昭和六年の中尉昇進の前後から急進思想に染まり、血盟団に接近していったのである。彼ら海軍将校たちは、陸軍将校のように荒木貞夫大将のごとき、高級将校の指導者を持たず、それが井上日召に影響された大きな原因と言えた。彼らは血盟団員の暗殺成功に触発され、負けずと一気に政党政治の頂点への攻撃に向ったと考えてよい。

三上中尉は海兵で二年先輩に当った。山岸中尉をリードする立場にあったことから、事件後の裁判では禁錮一五年と、後輩より五年も長い判決を受けた。首謀者が三上中尉とされた原因の一つは、彼が昭和五（一九三〇）年に〈昭和維新の歌〉を作詩、これが陸軍の若手将校たちにも広く愛唱されていたことが挙げられる。現に四年後の二・二六事件の際には、この歌が叛乱軍のあいだで広く歌われていたのであった。

山岸と三上は有罪判決を受けたが、どちらも判決から五年後の昭和一三年

二・二六事件
昭和一一（一九三六）年二月二六日から二九日にかけて、陸軍皇道派の影響を受けた青年将校らが一四八三名の兵を率い、「昭和維新断行・尊皇討奸」を掲げて起こしたクーデター未遂事件。

に仮出所している。首相を暗殺したにもかかわらず、五年ほどで仮釈放だから、軽い刑だったと考えてよい。

一方で昭和一一年の二・二六事件では、軍法会議で厳しい判決が下された。陸軍の下級将校――安藤輝三大尉ら一五人が死刑、民間人の思想家――西田主税や北一輝の二人もまた死刑となったのである。海軍主導の五・一五事件と陸軍主導の二・二六事件では、天と地の差が生じたことになる。

山岸は仮出所の直後、右翼の大物――大川周明の東亜経済調査局特別研究所に迎えられ、舎監として二年近くを過した。その後は昭和一五年に上海陸軍特務室に移り、そこで諜報活動に従事したのである。

犬養首相が山岸達を落着かせ、得意の弁説で説得を試みたとき、話に乗らなかったのは賢明だと言える。政治家と話をしたら最後、時間を稼がれたり丸めこまれたりしてしまうためだ。「問答無用」という彼の選択は、事の良し悪しは別として間違っていなかった。

安藤輝三
明治三八年－昭和一一年。岐阜県出身の陸軍軍人。二・二六事件で鈴木貫太郎を襲撃。事件後、軍法会議にかけられ叛乱罪で処刑。享年三一歳。

臼淵磐《うすぶちいわお》

【海軍大尉（少佐）
一九二三―一九四五
享年二一歳】

「進歩のない者は決して勝たない。負けて目覚めることが最上の道だ。日本は進歩という事を軽んじ過ぎた。私的な潔癖や徳義に拘って、本当の進歩を忘れてきた。敗れて目覚める、それ以外にどうして日本が救われるか、今目覚めずしていつ救われるか、俺達はその先導になるのだ」

戦艦大和と共に沈んだ青年将校の遺言

この言葉は昭和二〇（一九四五）年四月、戦艦〈大和〉が沖縄への出撃を前にして、副砲分隊長だった臼淵磐大尉が記した一文である。この言葉はこう続く。「日本の新生に先駆けて散る。まさに本望じゃないか」と。このとき彼は算えで二二歳――満年齢なら二一歳と、大学卒業生ぐらいの世代だった。その青年がこれだけの内容の遺書を遺し、覚悟を披歴したのは特筆され

戦艦大和
日本海軍が建造した史上最大の戦艦。当時の日本の最高技術を結集し建造され、戦艦として史上最大の排水量に史上最大の四六センチ主砲三基九門を備えていた。太平洋戦争開戦直後の昭和一六（一九四一）年一二月

てよい。

前半に記されている「日本は進歩という事を軽んじ過ぎた」というあたりは、戦争の敗因を一言で言い表わしている。海軍の例を見ても、レーダーを「卑怯者の道具」とか、あるいは「大和魂で戦え」といった、愚劣な意見が海軍軍令部あたりを支配していたのだから、呆れて言葉を喪ってしまう。それが昭和一〇年代の風潮だった。

そうして十分な研究開発費を出さず、結局はアメリカ軍のレーダーによって早期に探知され敗北したのは、一七年のミッドウェー海戦に始まる。戦争の極めて初期の段階で惨敗を喫し、それから慌ててレーダーの開発を急いだのだから、「愚の骨頂ここに極めり」であった。戦後の一時期よく唱えられた「海軍善玉説」など、実際は糞喰らえだったと断言してよい。

そして臼渕大尉が主張したとおり、「進歩のない者は決して勝たない」という結末を招いた。しかしながら彼は、「俺達はその先導になるのだ」と実に潔い。


一六日に就役。昭和二〇年四月七日、沖縄海上特攻に向かう途中、米軍機動部隊の猛攻撃を受け、坊ノ岬沖で撃沈された。その様子は『戦艦大和ノ最期』(吉田満)に詳しい。

それにしても昭和一〇年代の日本軍――陸軍参謀本部も海軍軍令部も、あれほどの秀才を集めて何をやっていたのか、分析を徹底してやる必要があるだろう。身体が丈夫で頭脳も卓越した者たちが、陸軍士官学校へ、はたまた海軍兵学校へと進学した。東京帝国大学や京都帝国大学へ進むのは、頭脳だけで身体は強くないという者たちだった。

そうした本来人間としてバランスが高い水準でとれているはずの人たちが、陸軍大学校や海軍大学校に選ばれ進学すると、参謀本部や軍令部で進歩に興味を示さなくなるのだから、これはもう世も末の出来事と言えた。

臼渕大尉のこの短い遺言のなかには、そうした傾向を否定し進歩に目を向けよ、という言葉が連ねられている。これは死を覚悟した者だけが吐露できる、真の建言と評してよいだろう。「日本の新生に先駆けて散る。まさに本望じゃないか」という結びもまた、潔ぎよさに満ち溢れており、ただ感じ入るしかない。

臼渕磐は東京において、海軍機関中佐の長男に生まれた。軍人一家だから迷わず軍人の道を進み、日米開戦後の昭和一七（一九四二）年に海軍兵学校を卒業した。

〈扶桑〉などに乗組んだあと、一八年六月に少尉に任官し、〈北上〉の砲術士となる。一九年三月に中尉へ昇進、この年の一〇月に〈大和〉の副砲分隊長となった。そして翌月に早くも大尉に累進する。

この頃は将校の損耗も著しく、優秀な者は極めて昇進が早かった。育成が追いつかない状況を招いていたのである。一般の水兵にしても徴兵適齢期の者は既におらず、一〇代前半とか三〇代後半以後にまで、範囲を拡大し員数を合わせていたのだ。

かくして〈大和〉は片道の燃料だけを積み、四月に三田尻沖の泊地を出航、七日に坊ノ岬沖で雷爆撃を受け没んでいる。臼渕大尉は戦死し少佐に進級した。冒頭の言葉は〈大和〉で体験したことを記した吉田満の小説『戦艦大和ノ最期』にあるものである。

【『統帥綱領・統帥参考』とは】 4

【目次と抜粋】

◉『統帥綱領』目次

第一　統帥の容義
第二　将帥
第三　作戦軍の編組
第四　作戦指導の要領
第五　集中
第六　会戦
第七　特異の作戦
第八　陸海軍協同作戦
第九　連合軍の作戦

◉『統帥参考』目次

第一編　一般統帥
第一章　統帥権
第二章　統帥と政治
第三章　統帥組織
第四章　将帥及び幕僚
第五章　統帥の要綱
第六章　情報収集
第七章　集中
第八章　会戦
第二編　特殊作戦の統帥
第一章　持久作戦
第二章　河川及び山地戦
第三章　陣地戦
第四章　連合作戦
第五章　兵站

抜粋

◉『統帥綱領』第二－八

軍隊指揮の消長は指揮官の威徳にかかる。苟も将に将たる者は、高邁の品性、公明の資質及び無限の包容力を具え、堅確の意志、卓越の識見及び非凡の洞察力により、衆望帰向の中枢、全軍仰慕の中心たらざるべからず。

かくの如くして始めて軍隊の士気を作興し、これをしてよく万難を排し艱苦を凌ぎ、不橈不屈、敵に殺到せしむるを得べし。

◉『統帥綱領』第二－十

高級指揮官は常にその態度に留意し、殊に難局に際しては泰然動かず、沈着機に処するを要す。而して、内に自ら信ずる所あれば、すなわち、森厳なる威容おのずから外に溢れて部下の嘱望を繋持し、その士気を振作し、もって成功の基を固うするを得べし。

第5章

覚えておきたい
帝国軍人の言葉

奥保鞏《おくやすかた》

陸軍大将
一八四七―一九三〇
享年八三歳

「砲兵第1旅団から選抜して騎砲兵中隊を編成した。騎兵旅団の戦力にする」

この言葉は、奥大将が麾下の騎兵第1旅団長――秋山好古《よしふる》少将の要請に応じ、騎砲兵の配属を決めたときのものである。秋山少将は既に機関銃中隊も有しており、これによって強力な火力を有する「混成旅団」のような戦力を擁したのだ。

騎砲兵1個中隊を出してくれたのは、野戦砲兵第1旅団であった。旅団長の内山小二郎少将は、秋山少将と陸軍士官学校同期で、惜しむことなく優秀な者を選んで送り出した。このため彼の幕僚たちは、「そんなに優秀な者ばかりを抜かれては」と困惑したが、「失敗があっては砲兵の名折れ」と応じなかったという。現在の民間企業や官僚組織で似たケースがあったら、上司は自分が嫌いな者や能力的に問題のある者を、まず真っ先にリストアップするだろう。しかしながら騎兵旅団に配属されると知ると、内山少将はベストメンバーを送り出したのだから凄かった。

この騎砲兵は明治三八（一九〇五）年一月の黒溝台会戦で威力を発揮した。ロシア第2軍の攻勢に直面し、数倍の敵に苦戦を強いられた。とりわけ兵力に劣る騎兵旅団は、砲兵中隊と機関銃中隊によって火力を補い、辛うじて陣地を守り切ったのだった。

奥大将は「騎兵旅団の戦力とする」と至極簡単に述べているが、実戦において素晴しい威力を発揮した。この言葉の重味は、これに係わった誰もが黒溝台で認識させられたのであった。

東郷平八郎《とうごうへいはちろう》……

海軍大将（元帥）
一八四八―一九三四
享年八六歳

「約三〇分のうちに敵の戦闘隊形は全く崩れた。わが帝国の運命は、実際には最初の三〇分間で決まった」

この言葉は、明治三八（一九〇五）年五月二七日から二八日にかけての、対馬沖での日本海海戦で勝利した直後、連合艦隊司令長官の海戦についての感想である。東郷平八郎海軍大将は、練り上げてきた戦術展開と訓練の成果を、たった三〇分の間に集中的に発揮することにより、劇的な大勝利を収めたのだった。

敵艦隊の針路を塞ぐ敵前大転回は、まだ完全に全体が方向転換できていないうちは一方的に敵からの砲撃を浴びる危険性があった。けれど東郷大将は敢えてこれを実施した。そして言葉通り、まさに最初の三〇分で勝敗の行方が決してしまった。戦いの流れが見えてからは殆ど一方的なものとなり、敵艦の沈没が相次ぐ。最終的に撃沈は、戦艦六隻、装甲巡洋艦三隻、巡洋艦一隻、装甲海防艦一隻、駆逐艦四隻、仮装巡洋艦一隻、特務艦三隻の合計一九隻に達した。鹵獲は戦艦二隻のほか、合わせて五隻になった。日本側の損害は信じられないほど少なく、二七日の日没後に水雷艇が魚雷攻撃を仕掛けたとき、三隻を喪失したそれだけである。主力艦艇の大きな損害は全くなかった。

この海戦での東郷大将は、主任作戦参謀の秋山真之海軍中佐に多くを任せ、自らは承認するだけという組織を作り上げていた。だから「興国の荒廃この一戦にあり」や「本日天気晴朗なれども波高し」も、秋山中佐の筆になるものだった。

福島安正《ふくしまやすまさ》

陸軍大将
一八五二―一九一九
享年六六歳

「もし今戦わなければ、今日まで鋭意努力してきた陸海軍の軍備も、その意味がないと私は判断する」

この言葉は日露開戦の直前に、開戦を先に延ばすべきでないと、福島安正少将が強く主張したときのものである。そしてこう続く。「それは今のうちならばロシアのシベリア鉄道建設が不十分なために、ロシアは本国の兵力を極東へ輸送できないので、この機に乗じてロシアの出鼻を挫くことが唯一の戦う方法なのだ」。時間の経過はロシア側に有利となる点を、自らの情報網で収集したデータを分析した上で、参謀本部において披露したのだった。

福島少将は情報活動の第一人者として評価され、イギリスの情報機関と親しい関係を築き上げていた。そして対露情報網を張り巡らせていた。通訳官上がりの福島は、北京官話、露、仏、英、独の五ヶ国語を操り、諜報活動の第一線にいた。このため彼のロシアに関する発言は重く受け止められ、開戦を決める際に大きな要素となった。

日本は三国干渉とそれに続くロシアの満洲進出に、政府と国民一致して臥薪嘗胆、軍備の増強に邁進してきた。そうした軍備もピーク時を過ぎると、旧式化してまた前にも増し予算を喰う。そのあたりをしっかり見抜いていた福島少将は、もうこれ以上の負担を国民に押しつけられないと、早期の決戦を促したのだった。福島少将の収集した情報には、ロシア軍恐るるに足らずという結論をはっきり導き出していたと言えるだろう。

伊地知幸介《いぢちこうすけ》……【陸軍少将 一八五四―一九一七 享年六二歳】

「海軍の砲台にあった砲の威力で旅順を陥落させたとなると、我が第3軍の面子は形なしですぞ」

日露戦争の焦点となった旅順攻撃に関し、第3軍参謀長の伊地知幸介少将の発言を検討してゆくと、大きなブレが存在していることが判る。すなわち正面攻撃が二度にわたって失敗した明治三七(一九〇五)年一一月二六日の第三次総攻撃を前に、彼はかねてより海軍から指摘のあった二〇三高地の奪取を、幕僚たちの中で唯一主張していたのだ。しかしながら他の幕僚たちが一人残らず、要塞戦突破に傾いたことにより、彼の説は採用とならなかった。「少数意見に真理あり」という点に、軍司令官の乃木希典《まれすけ》大将は気づかず、多数意見を採ったのである。

これだけを取上げて考えると、伊地知少将の思考回路は正しかった、と見做すことができる。ところが海軍が要塞砲を外して提供してくれた二八センチ榴弾砲については、冒頭のボケた発言をしている。そのためせっかく二八センチ榴弾砲が届いても、これを焦点の攻略目標への集中投入をせず、攻囲する三個師団に均等に配分し、多大な効果を上げられなかった。

かくして第三次総攻撃もまた、多数の死傷者を出し敗退してしまう。彼らが愚の骨頂だったのは、二〇三高地が陥落して旅順攻略を事実上達成した以後も、師団長たちの面子論を容れたことだろう。この蛇足のような攻撃でも、また一万近くの将兵が死傷したのであった。

秋山好古《あきやまよしふる》

陸軍少将（大将）
一八五九―一九三〇
享年七一歳

「鞍山站は張子の虎、主陣地は他にある」

　この言葉は日露戦争――遼陽会戦の直前に、自ら率いる騎兵旅団が再三にわたり敵の前線を偵察した結果、得られた結論であった。つまり鞍山方面の敵陣地は囮《おとり》で、それにつられて進撃すると、強固な敵陣の前面に出てしまう、との警告であった。ところがこの報告を、奥保鞏《やすかた》大将の第2軍司令部は無視した。「また騎兵が大袈裟に」という評価を下したのだ。そして囮の陣地を目指して進撃し、ロシア軍が兵力を集中している要衝――首山堡を正面攻撃したのである。その結果、死傷者多数という大損害を被った。

　秋山少将はフランス軍に留学したことがあるが、このときの経験で機関銃中隊、あるいは砲騎兵を置き、火力の充実を計るべきと強く主張した。これによって日本軍の騎兵旅団の戦闘力が飛躍的に増強された。もし以前の火力で黒溝台会戦に臨んでいたら、下馬戦闘で兵力の少ない騎兵旅団は歩兵に圧倒されてしまい、戦線を突破された危険性が大きかったと考えられる。そのあたりの彼の先見性は卓越していた。

　秋山少将は黒溝台会戦の前にも、ロシア軍の戦線の状況、そして捕虜の言葉から、冬期攻勢があるのではとの報告を、満洲軍総司令部に送っている。ところが作戦主任参謀の松川敏胤《としたね》少将は、ロシア軍は冬のあいだ動かないと確信しており、ここでも彼の報告が無視されていたのだ。陸士・陸大の成績優秀者が、いかに実戦で役に立たないかの実例を示しているのである。

渡辺水哉《わたなべみずや》

陸軍大佐（少将）
生歿年不詳

「国家のため、連隊長が死ぬまで、一緒に頑張ってくれ。頼む」

日露戦争の旅順攻防戦は、乃木希典《まれすけ》大将の作戦展開により、徒に人的損害を重ねていった。そこで投入されたのが札幌郊外月寒《つきさぶ》の歩兵第25連隊だった。これを率いる渡辺水哉大佐は本来福岡の出身者であり、陸軍士官学校が創設する以前に少尉任官という軍歴の持主として知られた。

旅順攻防戦では部隊の先頭に位置し、戦況をリアルタイムで掌握しており、頂上の占領に間髪入れず自らも突進、ついに山上からロシア軍を追い落としたのであった。相次ぐ白兵戦に疲労困憊していた部下の将兵に、連隊長がかけたのが冒頭の言葉だ。いつロシア軍の反撃があるか判らない状況下において、単なる「頑張れ！」ではなくなっていたのである。一二月に入った旅順は、弾薬も食糧も不十分という悪条件下の戦いであった。誰もが限界に達しており、なかには眠りこんだまま二度と目覚めない者もあったという。だから連隊長の口をついて出たのは、命令ではなく「お願い」に等しい内容の言葉だと言えた。

日露戦争を視野に入れていた日本軍は、師団長や連隊長などを異動させず、部隊の隅にまで熟知させるという方針を貫いてきた。下士官たちまで顔を知った間柄になっている。そんな連隊長に「頼む」と言われて、発奮しない部下がいるわけがなかった。彼らは乏しい弾薬を気にしつつ、ようやく配備された機関銃を要所に配し、胸突八丁での最後の戦いに備えたのである。

津川謙光《つがわやすてる》

【陸軍大佐（少将）生没年不詳】

「死ぬには適した日だ！」

この言葉は明治三八（一九〇五）年一月二六日に、黒溝台会戦のさなか発せられたものである。青森歩兵第5連隊長の津川謙光陸軍大佐は、三年前の一月二五日から二八日にかけて部下の将兵二〇〇人からを雪中行軍で失っていた。その責任者として彼は、死に場所を探していたのだ。

津川中佐は明治三三年に青森歩兵第5連隊長として赴任してきた。雪国の師団だけに日露戦争を想定した冬期の戦闘と行軍の研究は盛んで、着任すると雪中の戦闘と行軍の研究を進めさせ、訓練を強化していったのだ。そして明治三五年一月下旬、八甲田山方面雪中行軍計画を実施。二一〇人以上の編成での一泊二日の行軍であった。しかし吹雪のなか道を見失い、集団遭難という事態を招いてしまった。二一〇人中一九九人の死者を出すという、大事件に発展してしまったのだ。

津川謙光大佐は明らかに死に場所を求めていたので、日露戦争で戦闘が開始されると、副官や幕僚たちは連隊長が無謀な行動に出ぬか注意を怠らなかった。黒溝台を巡る戦闘では首を貫通する銃創を負っている。ところが彼は一ヶ月後に復帰、奉天会戦ではまた歩兵第5連隊の先頭に立った。そして奉天市街に突入すると、ロシア軍に捕らえられていた一〇〇人以上を救出している。

ひたすら死に場所を求めて先頭に立ったものの、津川大佐を戦死させる敵弾はなかった。そうしたときには不思議と弾丸が避けて通るものなのである。

荒木貞夫《あらきさだお》

陸軍中将（大将）
一八七七―一九六六
享年八九歳

「昨今問題になっている青年将校の一団は、いわば維新の志士のごときものである。その位は低いが志操は高い。彼らは憂国の情に燃えているのだ」

この言葉は荒木貞夫中将が陸相だった時代に、青年将校たちを擁護してなされたものである。荒木陸相の発言は更に、「これに対して上級将校諸士は、例えば藩家老が御家大切と勤めるだけで、国全体のことを憂うる志操に乏しいような憾みがある。まずこの点を反省して、皇軍の結束を固めなければならない」と続けたのだから驚かされる。敵対する勢力は守旧派だから、決起して打破してしまえと使嗾しているも同然だからだ。それが陸相の発言だから穏やかではない。そこへきて五・一五事件の海軍将校たちの裁判が、首相を射殺しながら最高が懲役一五年だから、予想外に軽く済んだとの印象が強かった。陸軍の若手将校たちが「俺たちも」と考えたとしても、少しも不思議ではなかったのである。

かくして昭和一一（一九三六）年二月二六日に、彼らは蜂起して首相などの殺害を狙った。ところが支援を与えてくれるはずの高級将校たちは、天皇が鎮圧を命じたと知ると、無関係を装ってしまった。このとき大将だった荒木もまた、我関せずの姿勢を貫いたのであった。皇道派のもう一人の親玉――真崎甚三郎大将も逃げたし、好意的だった山下奉文《ともゆき》少将も、逃げの一手で押通してしまう始末だ。青年将校たちは裏切られたと言えよう。

杉山元《すぎやまはじめ》

陸軍元帥
一八八〇—一九四五
享年六五歳

「開戦は一二月初頭を最後の適格時とする。あと一ヶ月しかない。一ヶ月で外交妥結の見込みはない」

この言葉は昭和一六（一九四一）年一一月に、参謀総長だった杉山大将の口から、陸海軍連絡会議において発せられたものである。それはこう続く「外交をやるならば、それは開戦の企図を秘匿する手段としてやるべきだ」。

このときの日本の外交は、ソ連、アメリカという二大国を前に、まさに「前門の虎、後門の狼」状態に陥っていたと言えよう。アメリカは日本に対して日本資産の凍結から、更には石油禁輸にと進んだのであり、もはや日本としては開戦準備を進めるしかないという切羽詰った状況に追いこまれていた。九月二日の段階で天皇は杉山参謀総長に対して、日米戦争勃発の場合の期間を下問された。杉山は「三ヶ月」と応じるが、陸相時代に中国大陸を「一ヶ月」と言ったのにもう四年もかかっているではないかと詰問され参ってしまう。「支那は奥地が深く」と弁解すると、太平洋はもっと広いとやりこめられたのであった。一〇月に東条内閣が成立するが、杉山は「戦争が主で外交が従」と持論を展開。そして一一月に入り、冒頭の杉山発言となる。ここにおいて陸軍と海軍は同一歩調を採ることになり、対米開戦へと突き進んだ。

元来の杉山大将は好人物として知られ、愛称の「元さん」と呼ばれていた。そんな彼は降服調印の翌日——二〇年九月一二日に妻と一緒に自決を遂げたのであった。

香月清司《かづききよし》……【陸軍中将 一八八一―一九五〇 享年六八歳】

「支那軍の不誠意、挑戦、特に広安門の欺瞞と悔辱とは、我軍の忍耐を不可能ならしめたり」

この言葉は蘆溝橋《ろこうきょう》事件の直後に敵――国民政府軍司令官宋哲元に対し、支那駐屯軍司令官の香月中将が発した退去勧告である。「軍はここに独自の行動をとることに決せり。戦禍が北京城内に及ぶことを慮り、貴軍全部隊の北京よりの即時撤退を勧告す」と続く。文言が簡潔で十二分に威嚇を含んだ、胸のすくような警告文だと言えよう。

当時の蔣介石《しょうかいせき》の国民政府は、アメリカなど国際世論が同情的なのを巧妙に利用し、日本に対する挑発行為を操りかえしてきた。その我慢の限界が越えたことで、こうした強硬な態度に出る必要が生じたのだ。これによって日本軍が北京市内の戦闘に入る覚悟を知り、この方面の国民政府軍司令官――宋哲元は抗戦を断念し、全軍を北京から撤退させたのだった。かくして北支一帯の国民政府の根拠地は完全に消滅した。

宋将軍が北京を去った七月二九日に、北京の東にある通州では払暁、三〇〇〇の国民政府保安隊が突如、兵力が手薄になった日本軍の兵営、警察などを急襲、民間人も手当り次第に惨殺していった。これが広く知られる「通州事件」である。死者は二〇〇人に及んだ。それに輪をかけたのが蔣介石の声明で、日本としては不拡大の理由が吹っ飛んでしまった。かくして八月に入り、香月中将は第1軍司令官に任命され、中国大陸での戦争が本格化されていった。

及川古志郎《おいかわこしろう》

【海軍大将
一八八三―一九五八
享年七五歳】

「最悪の場合にもアメリカとの戦争に引込まれないこと」

昭和一五（一九四〇）年、日本の外交は重大な岐路に立っていた。外相の松岡洋右《ようすけ》は日独同盟を軍部に打診することなく、独自に交渉を開始してしまい、わずか一ヶ月ほどで纏め上げていった。

東条陸相は即断を避けたが、「海軍と同調する」としたため俄《にわか》に海軍にスポットライトが当たってしまう。つまりストップをかけるとしたら、海軍しかなくなったのだ。

平沼内閣の海相――米内光政大将と次官――山本五十六中将は、ドイツとの軍事的同盟は対米戦争の危険が増大すると、外相の動きに対し強い懸念を抱き、反対してきた。ところが米内は退任し、山本が連合艦隊司令長官に転出と、二人が揃って異動することになった。米内の後任――吉田善吾海軍大将は、外圧に耐えかねて神経衰弱となり入院してしまう。ここで後任の海相となるのが、及川古志郎海軍大将だった。

松岡外相は十分情勢を認識できていない及川大将に攻勢をかけた。松岡一流の外交論で煙に巻き、ベルリンと歩調を合わせない不利益を説いていったのである。及川大将はこの期に及んで、冒頭の言葉を吐いてしまう。消極的賛成という海軍の意思表示だった。近衛文磨首相は松岡の危険性を十分に判っておらず承認を与えた。かくして米内と山本のラインで築いた防波堤は松岡という大波を防ぎ切れず、日本はドイツとの軍事同盟――アメリカとの対決に大きく舵を切ったのであった。

河本大作《こうもとだいさく》

陸軍大佐
一八八三—一九五五
享年七二歳

「何時か俺一人が犠牲になって、作霖を葬ってみせる」

満洲の支配者であった軍閥の張作霖は、満洲の支配を狙っていた関東軍にとって、この上なく邪魔な存在と言えた。そこで満洲の何処かに局地的な事変を発生させ、それを機に日本軍が出兵するという台本が書かれていた。ところが政府——田中義一内閣は、その実行に慎重になってしまう。そこで以前から冒頭の言葉を口にしていた満洲軍高級参謀の河本大作大佐の一派が、東京とは全く違う方向へと動き出すのである。

昭和三（一九二八）年六月一日のこと、北京を占領していた張は、日本公使からの勧告どおり、奉天へ戻ることを決意した。北京を灰燼に帰させないためというのが大義名分であった。そして三日の夜になって、特別列車を仕立て北京を発つ。河本大佐はこれしか時機がないと判断、爆薬を仕掛けさせた。六月四日〇五三〇時に特別列車が現場を通過、先頭からの七輌をやり過ごした直後、爆薬を起爆させたのである。張の眠っていた貴賓車は完全に爆破され、張は即死した。

この一連の行動は、当時の日本国民のあいだで、根強く支持されていたのは事実である。広大な土地の拡がる満洲こそが狭い国土にいる日本人にとって、唯一の希望と言えたからだ。実際のところ張の死により、満洲問題の動きが加速され、満洲国建国の時期も早まったと言えよう。政治家も軍人もそれに代る魅力的な国家の将来を、誰も描くことはできなかったのであった。

岡村寧次《おかむらやすじ》

陸軍中将
一八八四―一九六六
享年八一歳

「この両師団に名誉恢復の機会を与えよう。補充師団ではあるが、もう戦闘に慣れたし、必ず発奮して戦功を揚げるだろう」

日中戦争勃発以来、中国大陸で日本軍は七大都市を占領したものの、蔣介石《しょうかいせき》の国民政府軍は後退を続け、決定的勝利を収められないでいた。そのため江西省の要衝――南昌《ナンチャン》の攻略が企てられた。

北支那派遣軍司令官の岡村寧次中将は、昭和一四年三月に作戦を開始するに際し、前回の戦闘で拙い戦いぶりを見せた二つの師団に命じようと決めた。しかし幕僚たちは一人残らず猛反対であった。そこで岡村中将は彼らに対し、冒頭の言葉で選んだ理由を説明し、もう一度機会を与えるべきことを説得した。第１０１師団とは東京で編成された特設師団で、廬山の戦いで拙い戦いぶりを示してしまった。第１０６師団も熊本で編成された特設師団であり、徳安方面で敵に包囲され危く全滅、という弱体ぶりを露呈したのであった。

この総司令官の言葉に、誰一人として反対する者がなくなり、南昌作戦はこれら二個師団が前面で戦うことが決まる。日本軍は南昌市街を東に望み、贛江《ガンジャン》という大河を岸辺の舟で以て渡り切り、砂洲を這って進んで城壁にと迫った。そして予定した日数の半分で攻略を果たし、総司令官の配慮に応えたのである。岡村中将はその統帥の手腕が高く評価され、大いに面目を施したのだ。名将はこうして自分の手持ちの兵たちを活性化してゆくという代表的な例だと言ってよい。

板垣《いたがき》征四郎《せいしろう》

【陸軍中将（大将）一八八五―一九四八 享年六三歳】

「まあ一個師団くらいなら、そういちいち咎めずと、関東軍に任せたらよかろう」

この言葉は昭和一四（一九三九）年四月に満蒙国境で紛争が生じたとき、ときの陸軍大臣板垣征四郎中将が述べたものであった。関東軍が一個師団の兵力を出動させ、越境する外蒙古軍とソ連軍を撃退する、との筋書を信じての発言だった。

東京でのその感覚は、現地で全く無視されたも同然となる。関東軍は外蒙古奥深くへ空襲をかけ、暴走を始める。ソ連軍は外蒙古との相互防衛条約により、地上兵力を含めて急速に増強させ、ついに七月二日から本格的な地上戦闘が始まった。

砲撃戦と戦車戦で一方的に敗北した日本軍だったが、白兵戦で勝利を収め、そのため両軍死傷者はどちらも二万強で、むしろ外蒙軍とソ連軍側の損害が多くを数えたのである。また空中戦も日本側が有利で、撃墜数で遥かに上回っていた。九月に入るとドイツ軍が突如、ポーランドとの国境を越えて進撃を開始し、ソ連はノモンハンどころでなくなってしまう。そして九月一五日にモスクワにおいて停戦協定が成立した。

板垣陸相のあまりにも軽い一言が第23師団などの二万以上の将兵を死傷させ、一つ間違えたら戦争勃発の危険を孕んだのである。そしてこの紛争で得られた火力と機動力という教訓は全く活かされることなく対米戦争に突入してゆくのだった。

彼は一六年には大将にと栄進するが、戦後、満洲国との係わりからA級戦犯とされ刑死した。

稲葉四郎《いなばしろう》

陸軍中将
一八八五—一九四八
享年六二歳

「諸士に日露戦争旅順の役において、先輩が示したる武勇奉公の一念を以て、この堅塁を抜くの決意あるを要す」

　この言葉は熊本第6師団長の稲葉四郎中将が、武漢三鎮の要衝——漢口攻撃に際して部下の将兵に訓示したものである。精強なことで知られる第6師団は、ここでも攻撃の中核を形成していたのだ。師団は昭和一二（一九三七）年に日中間で全面的に交戦が生じたことで、永定河、保定、石家荘など華北を転戦、戦果を重ねている。

　続いて杭州湾上陸作戦に加わり、敵の意表を衝く敵前上陸により、国民政府軍を上海方面で総崩れにした。敗走する敵は南京を目指し、ここで迎撃の構えを見せる。第6師団は南京城外一キロメートルの地点の雨花台で激戦を展開、次いで厚さが一五〇メートル以上の中華門を攻め、どちらも苦戦の末に突破に成功したのであった。昭和一二年一二月一三日のことだった。

　更に敵を追って進撃した第6師団は、長江とその最大の支流——漢水の合流点として知られる武漢前面にと到達する。武漢三鎮は、漢口、武昌、そして漢陽の三つの地域で形成されており、湖北省最大の要衝であった。とりわけ長江の南側は湖沼が多く、それを利用した国民政府軍の防衛線の突破は、苦戦が予想されていたのである。

　そこで稲葉中将はここ一番の訓示を行ない、部下の将兵たちの奮起を期待したのだ。これは精強部隊にふさわしい勇壮な言葉で、彼らはよく期待に応えて漢口を抜いたのだった。

大島浩《おおしまひろし》

陸軍中将
一八八六―一九七五
享年八九歳

「日独防共協定を強化し、これを一種の軍事同盟に導く方法はないものか」

大島中将の名は日独防共協定――あるいは日独伊三国同盟の代名詞のように、第二次世界大戦前夜の歴史に登場してくる。もし彼が日独防共協定を発展させなかったら、日本がドイツの対米戦争に巻きこまれることはなかったのではないかとの考えが存在するからである。この冒頭の言葉は、一九三八年七月初旬、ベルリンにおいて発せられた。相手はドイツ外相のリッペントロープだった。

大島中将とドイツとの関係は、大正一〇(一九二一)年にドイツ大使館付武官補佐官となったのが始まりで、昭和九(一九三四)年に今度は武官として赴任している。ワイマル共和国の未曾有の大インフレーションは、隣国のオーストリア公使館の武官として間近に見聞し、それから一〇年ほどでドイツを再建させたナチス党――ヒトラー総統の能力に、深い感銘を得たのであった。このため昭和一三年にドイツ大使に任命されると、ナチス政権とヒトラーの信奉者として、しばしばどちらの国の利益代表か判断に苦しむような、親独姿勢を見せたのだ。そうした日本の大使に対して、ヒトラーは当然のように親近感を抱き、それはリッペントロープ外相も同様であった。

そうした時代的背景において、大島大使の冒頭の発言がなされたのである。ドイツ側としては日本との結び付を強固にすることは、ソ連に対する戦略的牽制として重要であり、ここに日独の軍事同盟へのカウントダウンが開始された。

石原莞爾《いしはらかんじ》

陸軍中将
一八八九―一九四九
享年六〇歳

「軍人への教訓は『軍人勅諭』で十分。『戦陣訓』は不要」

昭和の将星たちは数多いが、そうしたなかで注目度の高い点からすれば、この石原莞爾将軍は抜群と言えるだろう。何しろ関東軍参謀として満洲を舞台に暴れ廻り、一転して参謀本部第1部長に就任すると、今度は押える側に立ったからである。

とりわけ彼が広く知られたのは、何と言っても飛ぶ鳥を落す勢いだった、あの東条英機陸相そして首相と対立したからだ。二人は東条が陸軍士官学校の四年先輩であったが、石原は遠慮なく彼の批判を展開していった。

冒頭の石原の言葉は、昭和一四年に皇軍の綱紀粛清のため、東条陸相の下で発表された、あの『戦陣訓』に水を射すものとなった。明治時代――山縣有朋の下で発表された『軍人勅諭』で十分に綱紀粛清はできるとの皮肉である。たしかに中国大陸で戦う皇軍将兵の資質については、誰が見ても日清・日露の両戦役を戦った日本軍将兵に較べ、低下していた。しかしながら石原の考えからすれば教育の徹底でどうにでもなるというのに対し、東条はこの際に新しい聖典を示すことで解決したいという、双方の思惑の相違も存在したのだ。

いずれにせよ『戦陣訓』は日本陸軍のバックボーンとして、将兵のあいだに強制的に広げられてゆく。だから昭和二〇年代前半、私の家を訪れた陸軍軍人だった人にリクエストすると、一人残らずスラスラと暗誦してくれたものであった。やはり石原も陸相の命令には勝てなかったと言えよう。

田中頼三《たなからいぞう》

海軍少将（中将）
一八九二―一九六九
享年七七歳

「ガダルカナル争奪戦の終了とともに日本の運命は決せられた」

日米開戦とそれに続く勝利の陰で、快進撃を見せる陸軍に負けじと、海軍もまた拡大路線を突っ走っていた。極めつけはガダルカナル島への進出と確保だった。本来ならミッドウェー海戦での大敗北を契機に、日本の国力に不相応な作戦を中止し、戦線縮小を進めるべきだが……。

十分な陸軍部隊の擁護もないまま建設隊が派遣されたこの地に、アメリカ海兵隊が上陸したからたまらない。慌てた日本軍は兵力を逐次投入したが、今度はそれに対する弾薬や食糧の補給が思うに任せなくなってゆく。そこで致し方なく日本海軍は高速で行動できる駆逐艦隊を投入、兵員の補充や物資補給に当らせたのだった。その指揮を命ぜられたのが、田中頼三少将なのである。陣頭指揮した彼は、直ぐにこの作戦が物理的に困難だと見抜き、速やかにガナルカナルからの撤退を説いた。遅れると決定的な打撃を被ることを上層部に報告していったのだ。ところが東京の海軍軍令部は全くこれを無視してかかる。それから更に六ヶ月にわたたって、兵員と物資の損耗を続けた上、海軍艦艇を危険に晒したのであった。

ガダルカナル作戦における日本海軍はすべてに後手を踏み、昭和一八（一九四三）年二月に入ってようやく撤収が決定された。駆逐艦が陸軍の生存者を辛うじて収容、作戦は悲劇的な結末を招いた。その後、田中少将は上層部から悲観的な報告が嫌われたため、出世コースから外されている。

武藤章《むとうあきら》

【陸軍中佐（中将）
一八九二―一九四八
享年五六歳】

「自分たちは石原閣下が満洲事変のときやられたことを、御手本としてやっているのです」

昭和六（一九三一）年九月一八日に、関東軍は柳条溝で南満洲鉄道を爆破、これを国民政府軍の仕業とし交戦状態を生じさせた。中心となったのは関東軍の作戦課長であった石原莞爾《かんじ》中佐。関東軍司令官に内緒で計画を進め、やりたい放題やってきたのである。事件が発生した当初、日本政府は「不拡大方針」を決定。ところが現地では「拡大方針」が採られ、万里の長城の向こう側にまで拡大していった。そしてその延長線上に満洲国の建国があった。日本政府は満洲国を承認し、事件の首謀者は一転して英雄として扱われ金鵄勲章を授与されたのである。

その石原中佐が出世を遂げ、大佐になり参謀本部作戦計長の地位にあった。このとき関東軍は内蒙古に工作の手を伸ばし、また蔣介石《しょうかいせき》の国民政府軍との衝突が絶えなかった。そこで関東軍の説得に石原が長春の司令部を訪れたところ、訓示終了直後に武藤中佐が冒頭の発言をやってのけた。更に「褒められるのが当然で、お叱りを受けるとは驚きました」と続けた。石原大佐は全く反論できず、説得どころではなくなり退散したのである。切れ者として知られる相手に、これだけ見事に切りかえしたのだから、武藤中佐もまた只者ではなかった、と言えるだろう。彼は終戦後に唯一中将としてA級戦犯とされて、巣鴨プリズンにおいて刑死を遂げた。

土居明夫《どいあきお》……【陸軍中将　一八九六―一九七六　享年七九歳】

「ソ連は恐ろしい国です。権力の一端を担っていても、いつ失脚処刑されるか判然としない」

この言葉は私が直接に土居明夫元中将から聴いたもので、昭和三七（一九六二）年頃と記憶している。その言葉はこう続く。「いかなることがあってもあの国の支配下に入ってはなりません」。

土居元中将はその頃、「大陸問題研究所」を主宰しており、スポンサーの一人である私の父のところへ、年に数回ぐらい訪れていた。そのとき偶然にお会いできて、一時間ぐらいソ連を中心とした世界情勢の話をしたのだ。私も大学で政治学を学んでおり、軍事に関連した専門家の分析に興味深く耳を傾けた。何しろ権力闘争の凄まじさや、それに続く粛清について、詳細に語る土居氏の姿に共感を覚えた。騎兵将校で、さして大柄ではないが、眼光鋭く現役時代の雄姿を彷彿とさせられた。

あのノモンハン事変のさなかに敵国の首都で過ごしたのだから、大変な時期に遭遇したことになる。参謀本部は出先機関にいる彼からの報告を全く参考にした形跡がないのを大いに残念がっていた。諜報合戦の真直中にいた経験など、興味深いものがあり、時間の過ぎるのが早く感じていた。私と意見が一致するところが多く、とりわけノモンハンの双方の損害は、ほぼ等しいのではないかというところに落着いた。けれど火力――火砲と戦車を含めた機動力の差は、どうしようもなかったと彼は再三強調した。作戦の是非を問いかけると、苦笑いして小さく首を横に振った。

西竹一《にしたけいち》

陸軍中佐（大佐）
一九〇二―一九四五
享年四三歳

「シャーマン戦車を補充してくれたら最高なのですが」

昭和七（一九三二）年のロスアンジェルス五輪の馬術競技でゴールドメダリストとなった西竹一大尉は、一躍欧米で知られる日本陸軍の軍人の一人となる。海外での競技大会などに遠征したことから、欧米事情を知る陸軍将校の一人でもあった。

そのため東条英機首相から嫌われ、同じ知米派の栗林忠道中将と硫黄島に派遣されたという説も根強かった。栗林中将とは同じ騎兵である上に、北海道で軍務局馬政課長と軍馬補充部十勝支部員として面識があり、自由に話し合える間柄だった。

所属部隊の戦車第26連隊は輸送船が沈められ、戦車なしで兵員だけ到着した戦車隊となったため、西中佐は戦車の補充を強く要請している。このとき冗談半分に、アメリカのM－4中戦車（通称シャーマン）が届いたらと、本音を漏らしたのが冒頭の言葉である。やっと届いた戦車も、97式中戦車が二輌、それに戦車とは呼べない代物の軽戦車が一二輌。シャーマン戦車と戦車戦闘を挑んだら最後、たちまち全滅という結果が目に見えていた。

より強力な戦車の開発を希望すると、「不足分は大和魂で戦え」というのが、担当部門からの反論だった。合理主義者である栗林中将も西中佐も、呆れてものが言えない状況だと言えた。結局のところ西中佐は、戦車の下半分を砂に埋め、砲座として戦うことにした。戦車戦闘など思いも寄らなかったからである。

大場栄《おおばさかえ》

陸軍大尉
一九一四―一九九二
享年七八歳

「もし一人でもアメリカ兵が上を見ていたら、私たちは全滅していたはず」

この言葉を私は直接、大場大尉の口から聴いている。何故なら私の出身地――愛知県蒲郡市に住んでおられたからだ。少年時代から軍事に興味を抱いていたことから、私はサイパン島の英雄を訪ね、小学校六年生ながら話を伺ったのである。バンザイ突撃に加わりながら、爆風で吹っ飛ばされ九死に一生を得たこと。また民間人と一緒に崖にへばりついていたら、下を通ったアメリカ兵が一人として上を見ず、これまた助かった話などを、私は興味津々で拝聴した記憶が残っている。

のち一九八〇年代後半に入って、アメリカ人の書いた『タポーチョ』（祥伝社）が刊行され、そこには大場大尉の指揮統率ぶりが、実に鮮やかに描写されてあった。私はそれを読んで嬉しくなった。敵方からも「フォックス」と呼ばれ、高い評価を受けていたからであった。この「フォックス」という言葉は、一般的に使われる「ずる賢い」ではなく、「智謀に優れた」との意味を有している。

そして二〇一一年に映画『太平洋の奇跡――フォックスと呼ばれた男』が封切られた。大場大尉を演じた竹野内豊が素晴しく、改めて大尉の人となりを思い起こした次第だった。

サイパンで大場大尉はアメリカ軍陣地夜襲に参加するも、前述のように生残って独自の戦いを展開していった。わずか五〇人足らずの兵力で以て、終戦から四ヶ月後まで、戦い続けたことは特筆されてよい。

大日本帝国軍人の言葉

かつて日本を導いた男たちに学ぶ

2012年8月15日　第1刷

著者　柘植久慶
発行者　籠宮良治
発行所　太陽出版
東京都文京区本郷4-1-14　〒113-0033
電話 03-3814-0471／FAX 03-3814-2366
http://www.taiyoshuppan.net/

印刷　壮光舎印刷株式会社
製本　有限会社井上製本所

装丁　藤崎キョーコ
編集　風日祈舎
写真提供　国立国会図書館ウェブサイト

ISBN 978-4-88469-748-8